林家阳 总主编

夏克梁 徐卓恒 主编

建筑速写

JIANZHU SUXIE

中国美术学院出版社

责任编辑：孟海江
图书制作：宏图文化
特约编辑：张荣昌
装帧设计：宏图文化
责任校对：杨轩飞
责任印制：张荣胜

图书在版编目（CIP）数据

建筑速写 / 夏克梁，徐卓恒主编 . —杭州 ：中国美术学院出版社，2019.7（2024.8 重印）
（高等院校艺术设计专业精品系列丛书）
ISBN 978-7-5503-1943-1

Ⅰ . ①建… Ⅱ . ①夏… ②徐… Ⅲ . ①建筑画—速写技法—高等学校—教材 Ⅳ . ① TU204.111

中国版本图书馆 CIP 数据核字（2021）第 105368 号

建筑速写
夏克梁　徐卓恒　主编

出 品 人：祝平凡
出版发行：中国美术学院出版社
地　　址：中国 · 杭州南山路 218 号 / 邮政编码 : 310002
网　　址：http://www.caapress.com
经　　销：全国新华书店
印　　刷：北京荣玉印刷有限公司
版　　次：2019 年 7 月第 1 版
印　　次：2024 年 8 月第 4 次印刷
印　　张：10.75
开　　本：889 mm × 1194 mm　1/16
字　　数：288 千
图　　数：364 幅
印　　数：14001—19000
书　　号：ISBN 978-7-5503-1943-1
定　　价：62.00 元

顾问团队

艺术设计专业（应用型）教材策划专家团队		
姓名	所在单位及职务	专业方向
林家阳	同济大学教授/博导 教育部高等学校设计学类专业 教学指导委员会副主任 “上海市原创设计大师工作室”领衔大师 中国工业设计协会常务理事 原教育部职业院校艺术设计类专业 教学指导委员会主任	总主编/统筹/策划 设计教育研究/视觉设计/产品设计/ 空间设计著名专家
张夫也	清华大学美术学院教授/博导 世界艺术史研究所所长	工艺美术教育著名专家 原《装饰》杂志社主编
蔡军	清华大学美术学院工业设计系主任/教授/博导	工业/产品专业方向著名专家
吴海燕	中国美术学院设计学院院长/教授/博导	服饰专业方向著名专家
魏洁	江南大学设计学院教学院长/教授	视觉传达方向著名专家
顾逊	大连工业大学设计学院教学院长/教授	环境艺术专业方向著名专家
王效杰	深圳职业技术学院动画学院院长/教授	中国工业设计协会副会长 动画设计/数字媒体方向著名专家
王亦飞	鲁迅美术学院传媒动画学院院长/教授	中国美术家协会动漫艺委会委员 教育部高等学校教学指导委员会动画、 数字媒体专业教学指导委员会委员

作者简介

夏克梁，中国美术学院副教授、中国美术家协会会员、浙江省水彩画家协会理事、“温莎·牛顿”国际品牌形象大使、《中国手绘》主编、南岱村荣誉村民，曾出版《印象建筑：夏克梁建筑写生创作》《今日手绘：夏克梁》《手绘教学课堂：夏克梁景观表现教学实录》《建筑钢笔绘画：夏克梁建筑写生体验》《夏克梁钢笔建筑写生与解析》《西南村寨》《夏克梁建筑钢笔画新作集》《夏克梁麦克笔建筑表现与探析》《夏克梁建筑风景钢笔速写》《教学范图：夏克梁手绘精品自选集》；夏克梁边走边画系列丛书之《神秘尼泊尔》《魅影柬埔寨》《玄妙印度》《鸿福缅甸》《幻境巴厘岛》；夏克梁手绘景观元素系列丛书之《植物篇》(上、下)、《置石篇》《行画古村落——走进松阳》等书籍。

徐卓恒，1982 年出生于浙江杭州，毕业于中国美术学院环境艺术系，获文学硕士学位。现就职于中国美术学院。长期从事景观建筑设计与教学实践工作，曾合著有《景观设计·环境小品》《建筑风景写生》《景观设计手绘教学与实践》《景观手绘课堂》等教材。在各级专业期刊、平台上发表论文十余篇。

内容简介

本书主要讲解建筑速写的基础理论、技法要点和学习步骤，并以模拟课堂教学的形式安排学习体系。通过三章循序渐进式的课程编排与各章各节的具体讲解，让读者从理论到实践层面都能对建筑速写有全面的了解，并能够结合相应的练习，熟练掌握建筑速写这项专业技能。第一章从理论层面较为全面地阐述了与建筑速写相关的基础知识；第二章以阶段式的课程实训编排，讲解建筑速写学习的具体方法和实践步骤；第三章结合优秀案例的分析和展示，拓展建筑速写的艺术疆域。各章节前后呼应，构成一套学习建筑速写的完整流程。

序 言
FOREWORD

专业——高校根据社会的专业分工而设立的学业类别，是知识学习的边界。一个人要想把本专业的知识学精学通，需要有对专业的高度认识和对知识的熟练掌握。只有做到熟悉学习方法和路径，才能做到一通百通。在科技高速发展的今天，我们强调学科交叉、多才多艺，强调每个人都应该树立无边界学习的理念，即“进校前有专业，进校后要通学”。平面（视觉设计）、立体（产品和工业设计）、空间（室内、建筑、景观）、时尚（服饰、数字媒体）的交叉，只是同类专业的互补，而文、理、艺的交叉才能培养出全面发展的人才。

课程——学校专业教学的科目，包含专业的主体精神，是知识的具体体现。课程的合理性为个人专业知识的建构和实践能力的培养打下了良好基础。美国著名课程与教育专家格兰特·威金斯（Grant Wiggins）提出的“追求理解的教学设计（UbD）”理论，以及在课程体系中的“逆向设计法”，避开了教学设计中的聚焦活动和知识灌输这两大误区，致力于发掘大概念，帮助学生获得持久、可迁移的理解能力，而不是学了却不会用的知识。

该理论被广泛应用于美国大、中、小学的教育课程体系设计中，为人才培养目标进行课程体系的应用技能设计，以证明学生实现了预期的目标。一个好的专业须有课程知识能量的支撑。为什么教育部首先亮红灯的是动画专业？因为该专业的课程结构设置不合理，导致了学生知识的缺失，继而影响了他们的就业与发展。

教材——课程的意志体现并支撑着课程教学。“工欲善其事，必先利其器”，教材是教学最重要的元素，其优劣决定着教学效率的高低。直接影响教学效率的因素有三：一是教师的专业素养，二是教学的配套设施，三是教材的选择。其中，最具有提升空间的就是教材。好的教材，不仅能够使教师在教学过程中有行云流水般的顺畅感，更能确保学生在有限的时间内学到真东西，达到学习目标，让教学事半功倍。

好的教材应具备三种特质：一是课程知识点的科学性；二是教学案例、作业程序的合理性，让学生能创意出好的作品；三是突破纸质教材成本和页数的局限性，通过“相关信息”“相关链接”等拓展内容使学生得到无限的知识和信息。这些特质虽简单却包含着无限的知识能量。

教育部部长陈宝生先生、高教司司长吴岩先生在 2018 年 11 月 1 日的“教育部高等学校教学指导委员会成立大会”上强调了教育重心要重新回归到本科教学上来，并把教材视为教学质量中最为重要的环节。正是在这样的语境下，本套教材实现了教学精神的回归。

教育部高等学校
设计学类专业教学指导委员会副主任
同济大学教授 / 博导 林家阳
2018 年 12 月

前 言
PREFACE

建筑是与我们生活息息相关的基本环境要素，是人类文化的有形载体，也是具有逻辑性、秩序性、有机性的人与自然环境亲密结合的空间体系。由于建筑在设计过程中本身具有一定的艺术表现属性，因此它也被看做是一类重要的绘画题材。建筑速写是一种被广大美术爱好者、职业画家、建筑及相关专业设计人员所喜爱的绘画类型，这种以速写的特有表现语言结合艺术的表现方式，塑造出建筑的空间形态、人文气质、艺术特征和环境氛围，成为展示建筑艺术魅力与表达作者审美情感的重要载体，它体现的便捷性、快速性、灵活性使之具有普遍推广的价值。

本书主要围绕建筑速写的基本画法和表现类型展开讨论和研究，依据知识技能点的学习规律编写相应的内容。课程设计的指导思想是：理论联系技能实训，以表现方法和技巧的专门化训练为主，强化建筑、环境等艺术设计人才职业素质的培养和技术能力的综合训练，同时结合教学阶段分步骤、分章节编写，清晰详尽地阐释钢笔画学习的过程，注重教学内容的可行性与适用性，强调艺术设计专业教学职业化、应用性强等特点，明确教学课时与训练强度。第一章从理论层面较为全面地阐述了建筑速写相关的基础知识；第二章以阶段式的课程实训编排，讲解建筑速写学习的具体方法和实践步骤；第三章结合优秀案例的分析和展示拓展建筑速写的艺术疆域。各章节前后呼应，构成一套学习建筑速写的完整流程。笔者希望通过这样一种循序渐进式的步骤编排与各章各节的具体讲解，从理论到实践层面都能做到对建筑速写技法要领的详细剖析与全面解读，使本教材对实践具有实际有效的指导价值。

本书面向的对象主要为各大院校艺术类专业和设计类专业的学生，也适用于广大美术爱好者和建筑设计相关行业的从业人员。它既是一本技法学习类教材，也是一本艺术欣赏类的普及读物，希望每位读者都能从中有所收获，借由本书走进建筑速写的多彩世界，充分体验这一绘画形式的独有魅力。

夏克梁

2019 年 1 月

课程计划

CURRICULAR PLAN

章	课程内容	节课时	章课时
第一章　建筑速写与理论概述	第一节　建筑速写基础知识	1 课时	4 课时
	第二节　建筑速写的历史发展	1 课时	
	第三节　国内外建筑速写课程特点比较	1 课时	
	第四节　建筑速写作业评价标准	1 课时	
第二章　分段实训	第一节　项目训练一——单体速写练习	16 课时	64 课时
	第二节　项目训练二——临摹速写练习	16 课时	
	第三节　项目训练三——实景速写练习	32 课时	
第三章　优秀案例欣赏与分析	第一节　写实型建筑速写优秀作品赏析	1 课时	4 课时
	第二节　写意型建筑速写优秀作品赏析	1 课时	
	第三节　装饰型建筑速写优秀作品赏析	1 课时	
	第四节　创意型建筑速写优秀作品赏析	1 课时	

目 录
CONTENTS

第一章 建筑速写与理论概述 …… 1

第一节 建筑速写基础知识 …… 2

一、建筑速写的功能与意义 …… 3

二、建筑速写的风格类别 …… 4

三、建筑速写的常用工具及材料 …… 7

第二节 建筑速写的历史发展 …… 12

一、建筑速写的发展沿革 …… 12

二、代表人物与作品 …… 15

第三节 国内外建筑速写课程特点比较 …… 20

一、国内同类专业的课程体系 …… 20

二、国外院校相关专业课程体系 …… 21

三、建筑速写相关课程 …… 21

第四节 建筑速写作业评价标准 …… 28

一、整体性——局部、整体及空间关系 …… 28

二、科学性——透视、构图及技法处理 …… 28

三、丰富性——主次、节奏及对比 …… 28

四、艺术性——点、线、面的表现力 …… 28

第二章 分段实训 …… 33

第一节 项目训练一——单体速写练习 …… 34

一、课程概况 …… 34

二、设计案例 …… 38

1. 教师示范作品 …… 38

2. 具有代表性的学生作业 …… 44

三、技术要点 …… 46

1. 线条的运用方法 …… 46

2. 体块的塑造方法 …… 58

3. 材质的表现方法 …… 62

4. 结构关系的刻画方法 …… 64

5. 配景的表现方法 …… 67

四、实践和程序……71
1. 观察分析、勾勒形体……71
2. 区分关系、强化块面……71
3. 塑造细部、取舍得宜……71
4. 整体平衡、浑然一体……72
五、相关信息和网站链接……75
第二节　项目训练二——临摹速写练习……80
一、课程概况……80
二、设计案例……82
1. 教师示范作品……82
2. 具有代表性的学生作业……84
三、技术要点……85
1. 主次关系的塑造……85
2. 空间层次的塑造……86
3. 整体感的营造……88
4. 艺术处理手法的运用……90
5. 透视关系的准确塑造……92
四、实践和程序……94
1. 临摹对象的合理选择……94
2. 各景物间关系的分析……96
3. 画面塑造的基本顺序……96
4. 画面关系的综合处理……98
五、相关信息和网站链接……99
第三节　项目训练三——实景速写练习……101
一、课程概况……101
二、设计案例……103
1. 教师示范作品……103
2. 具有代表性的学生作业……104
三、技术要点……105
1. 取景的原则方法……105
2. 构图的基本要求……106

3. 主体特征的快速把握 ······110
4. 艺术处理手法的简练运用 ······111
四、实践和程序 ······112
1. 景点、视角的合理选择 ······112
2. 各景物间关系的分析 ······113
3. 构图的设计 ······114
4. 画面关系的快速合理表达 ······114
五、相关信息和网站链接 ······115

第三章　优秀案例欣赏与分析 ······119

第一节　写实型建筑速写优秀作品赏析 ······120
一、单线表现 ······121
二、明暗辅助表现 ······124
三、淡彩表现 ······126
四、重彩表现 ······131
第二节　写意型建筑速写优秀作品赏析 ······136
一、单色表现 ······137
二、彩色表现 ······140
第三节　装饰型建筑速写优秀作品赏析 ······142
一、黑白表现 ······143
二、彩色表现 ······149
第四节　创意型建筑速写优秀作品赏析 ······153
一、场景创意 ······155
二、工具材料创意 ······156
三、表现手段创意 ······158

参考文献 ······160

后记 ······161

第一章　建筑速写与理论概述

第一节　建筑速写基础知识

第二节　建筑速写的历史发展

第三节　国内外建筑速写课程特点比较

第四节　建筑速写作业评价标准

第一章　建筑速写与理论概述

本章概述

本章主要介绍了建筑速写的概念、功能、意义和分类，建筑速写的发展历史，国内外建筑速写课程的特点比较及建筑速写作业评价标准等内容，注重对基础理论知识的全面讲解，帮助学生系统地认识建筑速写。

学习目标

通过本章的学习，学生能够全面了解建筑速写的概念、功能、意义和分类、常用工具材料等内容，简要了解建筑速写发展历史和国内外相关专业课程体系，明确建筑速写作业评价标准。

第一节　建筑速写基础知识

建筑速写是以建筑为主体对象、以速写为表现手段，以表达创作者对建筑艺术及其周边环境的认知和理解的绘画形式。以建筑为载体的自然景观、人文景观、生活环境、道具场景等都可以纳入建筑速写的范畴。好的建筑速写可以利用多种工具多层次、多手段地进行表现，手段灵活、生动，语言明快、准确，具有良好的视觉形象，因此它也被看做一种艺术作品，具有相对独立的艺术价值（图 1-1-1）。

图 1-1-1　夏克梁
优秀的建筑速写也是一件艺术作品，具有独立的艺术价值

建筑速写所用到的工具简单便捷，创作时间也相对较短，对广大从事绘画、建筑设计等相关工作的人员来说，这种表现形式可以为他们提供建筑风景绘画创作和建筑设计的灵感及素材。建筑速写要求作者兼备速写表现技能和建筑专业知识。创作者一方面要能以理性思维严谨观察建筑场景，合理控制建筑的比例关系，准确表述建筑风格语言，使建筑速写最为恰当地传递建筑思想，体现出专业学科内涵；另一方面，建筑的整体感和空间比例也借由速写语汇淋漓尽致地传达出来。因此，只有在同时具备两个专业知识背景的情况下，不同学科知识技能之间才能够得以互补，相得益彰（图 1-1-2）。

图 1-1-2　蔡亮
建筑速写多以钢笔为工具，在相对较短的时间里完成

一、建筑速写的功能与意义

1.功能

建筑速写的主要功能在于记录、表达和创作。

记录是建筑速写的基本功能。通过速写作品，可以生动、高度概括场景，记录人文风貌，还原特定环境下的建筑文化艺术。在画家和建筑师眼中，建筑与画面之间的关系处理，建筑的屋顶、门窗样式，不同特点的材料、装饰手法以及细部特征等都是其关注的重点，都要忠实地进行记录，以作为创作与设计的素材（图 1-1-3）。

表达即通过速写的方式传达绘画者对建筑的理解、认识。建筑速写可以训练作者迅速、准确地捕捉场景空间，严谨地表现建筑尺度和形体，同时以一定的绘画技巧体现建筑光影的能力。对设计从业人员而言，它能帮助设计师在运用电脑、照相机以及数字技术的同时，摆脱对数字、数码技术的过分依赖，掌握手绘表达的能力。富有表现意味的建筑速写在抓住建筑的比例和各种要素的基础上，用线条创造韵律与趣味，更能准确传达建筑的各种特质（图 1-1-4）。

建筑速写的创作功能主要指将速写应用于建筑画的创作表现之中。这需要画家能够充分领悟建筑场景的内在气质，同时具备丰富的绘画表现技法，这样才有可能完整地进行创作，实质上就是对客观对象的主观化再创造。通过速写这种表达方式，提高对场景的观察能力、鉴赏能力、审美能力、概括能力、表现能力以及自由创造能力，可以说，建筑速写是超越了职业局限的一种综合能力的培养。对设计学科而言，长期的实践训练也能够激发设计师的创造力，让他们以速写的方式酝酿、发展建筑构思，并快速地留下印记，使之成为建筑创作的重要辅助手段之一，最终达到得心应手地表现设计构思、勾勒抽象思维的目标（图 1-1-5）。

图 1-1-3　蔡亮
记录是建筑速写的基本功能

图 1-1-4　王夏露
表达是大部分人学习建筑速写的主要目的

图 1-1-5　蔡亮
将建筑速写的表现技能转换为设计的表达能力

2.意义

无论是在校学生、画家、建筑设计师或是其他相关行业的从业人员，掌握建筑速写的基本技能都有助于培养他们主动发掘和快速捕捉人文景物之美的能力；帮助他们随时随地搜集创作设计素材，储备必要的资料，积累丰富的创作灵感；锻炼他们对建筑体量的把握能力、对大局的掌控能力和应变能力；提高自身对抽象思维的具象转换表达能力和扩散性创造能力；不断拓展艺术视野，提升审美能力与专业设计创作能力（图 1-1-6）。

图 1-1-6　潘玉琨
建筑设计师笔下的建筑速写

二、建筑速写的风格类别

建筑速写有各种不同的绘画工具，因此也有不同的表现方式，不同的绘画工具能使同一场景呈现完全不同的视觉感受。大体上，可以将建筑速写的风格分为黑白画法和色彩画法两个基本大类，黑白画法又细分为单线画法和明暗辅助画法两类，色彩画法则又细分为淡彩画法和重彩画法两类。

1.单线画法

单线画法脱胎于中国传统绘画中的白描，以形态、结构的单线勾勒为主要特点，突出画面的拙朴性和骨架感。这种画法对单线的表现力力图做到最大程度的施展，以一条条骨干状的线条支撑整个画面，使画面整体干净清爽，线条表现力足。线条的轻重、强弱、疏密、曲直、缓急都用以表现景物的形象特征和画面各元素之间的关系，通过线条的间架结构营造以素为美的视觉体验。单线画法抛弃了光影明暗等因素对景物的影响，让事物以最本真的状态跃然于纸面，传递出优雅的韵味。这类画法多以硬笔类工具表现，例如钢笔、一次性针管笔和签字笔等（图 1-1-7）。

图 1-1-7　张孟云　以单线的形式表现建筑

2.明暗辅助画法

明暗辅助画法是最为常见的表现形式之一，它融合了单线画法与明暗光影画法的特点，但仍然是以线为主、以明暗的适度衬托为辅助的表达方式，这种方式让线条在空间层次、图像语言的表达上更为丰富，是一种综合性的表现手法。画面借助清晰果敢的单线明确勾勒建筑形体、结构比例、细部装饰、层次关系，又借明暗对比对建筑形体进行细致刻画，使画面整体详实细腻、繁简适宜、张弛有度、中心突出。这种画法的优势在于既具有速写时间短的特点，又能依靠简单的绘画工具制造有层次、有分量的画面效果，是一种折中型的技法类别。因此，它也是本教材着重介绍的内容（图 1-1-8）。

3.淡彩画法

淡彩画法是在钢笔稿的基础上，简单赋以较为清淡颜色的速写样式。钢笔稿仍是构建画面效果的主要因素，淡彩仅起到适度点缀气氛的作用。淡彩画法的着色工具以水彩和彩色铅笔为主。水彩的色调素雅，色彩饱和度低，层次丰富柔和，有助于配合速写主题，传达建筑的理性魅力。在与水彩结合时，钢笔线条的严谨理性与水彩的活泼流动能够很好地融合，并借助水彩特有的笔触，有效拉开画面虚实关系，强调画面空间距离。在与彩色铅笔结合时，可通过几种色彩的穿插叠加，形成色彩丰富之感。彩色铅笔的使用方式接近于普通铅笔，借助细腻的线条排列辅佐层次的刻画，起到辅助色彩渲染之功效。淡雅、整体、适当表现物体色相是这类画法的特点（图 1-1-9、图 1-1-10）。

图 1-1-8　耿庆雷
以单线为主、明暗辅助的形式表现建筑

图 1-1-9 邓蒲兵 以钢笔线稿为基础、水彩上色的淡彩画法

图 1-1-10 刘开海 以铅笔线稿为基础、水彩上色的淡彩画法

4.重彩画法

重彩画法与淡彩画法相对应，一般以较为浓重的色彩快速明了地拉开物体间的关系，构建较强的视觉冲击，使画面变得更立体、更扎实。马克笔因具备携带方便、色彩选择自由度大、颜色饱和、笔触表现力强等优势，在建筑速写中正发挥着日益重要的作用，是最适宜这种速写方式的工具之一。使用马克笔可以在钢笔速写稿的基础上设色，也可以在铅笔草稿之后直接用笔触塑造建筑。其特点是表现深入，刻画细腻，色彩饱和，强调场景在特定光影下的动人状态，拥有丰富的艺术语言，能让观者领略其对质感和光影的强大表现能力，具有强大的可塑性（图 1-1-11）。

图 1-1-11　夏克梁　以钢笔线稿为基础，再通过水彩上色、塑造的重彩画法

三、建筑速写的常用工具及材料

建筑速写所采用的画法不同，所使用的绘画工具也有所差别。不同的笔所产生的线条表现力也有所差异，画面的效果和传达的严谨性也不同。钢笔、签字笔、美工钢笔、针管笔、炭笔、铅笔等都是建筑速写的常用工具。采用此类硬笔获得的画面线条明晰，建筑造型明确，具有普适的使用价值。通常绘画者会根据个人喜好选择硬笔工具，同时会兼顾携带的便捷性（图 1-1-12）。

图 1-1-12　各类速写工具

就黑白类画法而言，钢笔是经常用到的工具。钢笔的种类很多，常用的有单线钢笔、弯头美工钢笔、鸭嘴式阔头笔、签字笔、针管笔等。这些工具便于携带、作画便捷，受到建筑师和设计师的广泛欢迎，是他们的随身速写工具。钢笔具有笔头坚硬、出水流畅、线条硬朗等特点，作画时非常重视线条的表现特性以及画面中线的造型、疏密与线的对比产生的虚实、详略、主次等关系，而线条整洁、明确、刚强、流畅正是钢笔这一绘画工具的特点，因此，在绘画时要充分利用其特点，创作出清晰、富有表现力的画面（图 1-1-13、图 1-1-14）。

图 1-1-13　钢笔和签字笔

图 1-1-14　蔡亮
美工笔表现的建筑速写

除此之外，炭（铅）笔也是很受青睐的绘画工具。使用炭（铅）笔作画，具有便捷快速、易于修改的特点。但由于使用这类工具创作出的画面非常容易涂抹，因此并不适用于小区块或细部的速写，可以用在以调子为主的大面积速写作品中。炭（铅）笔的最大优点就是质地柔软，使用炭（铅）笔可以借助平涂技法来表现明暗，建立起大面积中间调子的区块，具有丰富的表现力。炭（铅）笔既能表现建筑柔和、宏伟的体量，又能表现建筑的细部和材料质感，是一种细腻而富有弹性的工具。但相较于钢笔画的稳定效果而言，炭（铅）笔画在复印或者一般印刷之后，画面层次较差，表现力也会随之减弱（图 1-1-15、图 1-1-16）。

图 1-1-15　炭（铅）笔

图 1-1-16　龚立明　铅笔表现的建筑速写

色彩表现类的工具除前面提及的水彩、彩色铅笔和马克笔之外，还包括不太常用的彩色水笔、彩色粉笔等。它们在便携性和易用性上各具特点，质地和颜色的表现力也各不相同，绘画者一般根据自身情况来选择合适的工具（图 1-1-17、图 1-1-18）。

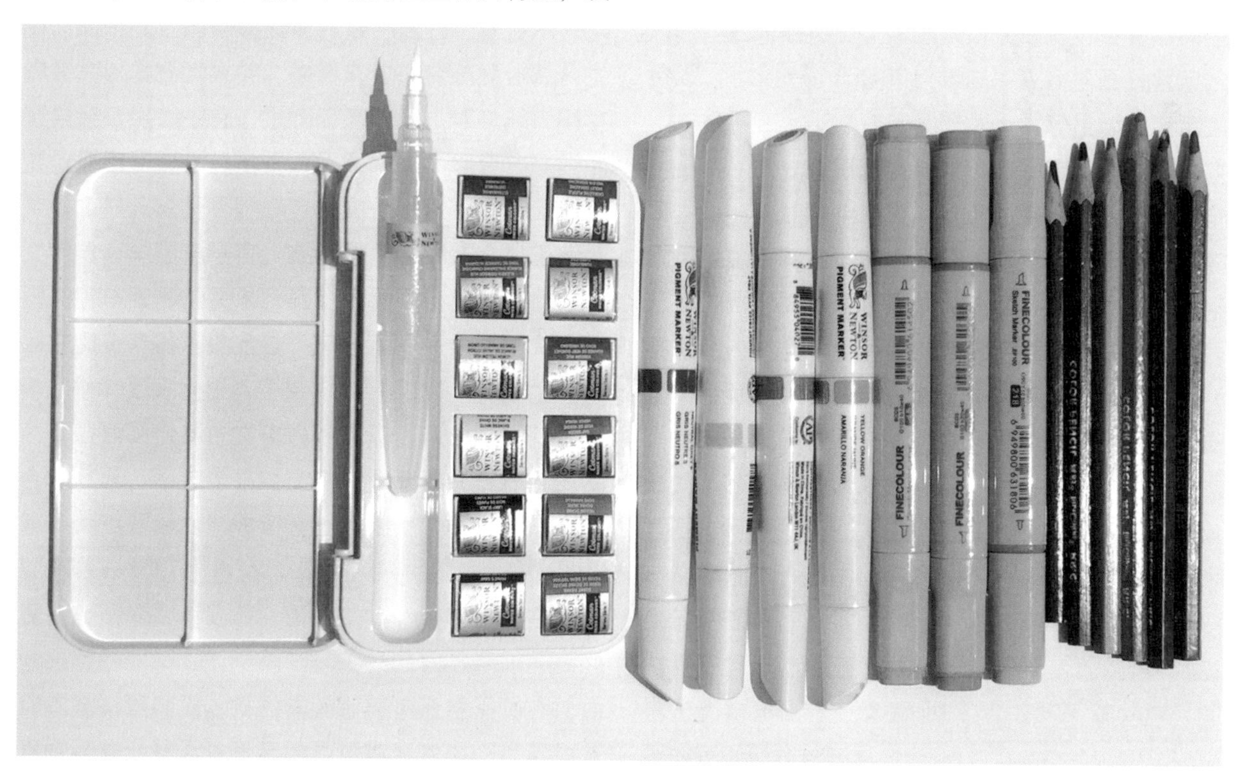

图 1-1-17　水彩、马克笔及彩铅

图 1-1-18　王玮璐　马克笔表现的建筑速写

建筑速写所适用的纸张种类有很多，不同质地、不同肌理、不同色泽的画纸可以获得不同的画面效果。通常绘画者都会选用质地较为厚实的画纸，以防止硬笔笔尖运行较快时划破纸张。当然，也可以根据作品想要达到的预期效果选择特殊纸张。彩色类的建筑速写多采用水彩专用画纸，纸张质地要求紧实、光滑而平整，方便流畅运笔（图1-1-19）。

此外，由于建筑速写多在户外进行，因此选用素描纸装订而成的速写本是比较好的选择。当然，也可以选用一块轻便、平整、具有足够硬度、尺寸合适的速写板，速写板的大小要适合纸张大小，手感合适，便于作画。

图 1-1-19　各类速写本

第二节 建筑速写的历史发展

一、建筑速写的发展沿革

建筑速写起源于西方，脱胎于建筑画，从其发展历程看，两者之间并不存在明显的界限，许多建筑画都是以建筑速写的形式表现的，尤其以建筑设计创作概念图为代表。

早在意大利的文艺复兴时期，绘画就成为建筑生产中非常重要的一部分，其主要作用是指导工匠精确施工，使建筑承包商得到认同。这类建筑画等同于现在的设计施工制图，在当时，直观、准确、详细、逼真是建筑画的基本要求，而作画能力在当时也被认为是一个人能否成为合格的建筑师的重要的先决条件。透视法则的发明使画面的逼真感和精确性得到了保障（图 1-2-1）。

从文艺复兴到 20 世纪这段时期，建筑在从设计概念诞生到施工落地的过程中产生了更细的分工，建筑逐渐成为一种面向大众的艺术，需要向公众展示并得到他们的认同，因此就出现了概念方案草图这类更易于让大众理解的简单示意性建筑绘画，可以说这是建筑速写的雏形。只是在当时，大家认为建筑画不能过于花哨，应当透明、客观地表达建筑内涵，认为建筑画要和建造想法相契合，同时具有可分析的价值，因此建筑画的实用性仍然占据主导地位（图 1-2-2）。

图 1-2-1 以建筑为主题的欧洲古典绘画

图 1-2-2　西方早期的建筑渲染图

从20世纪发展至今，建筑画已不再局限于传统的表现真实形象的作用，建筑空间的模式多样化，再加上各种前卫、个性化的设计理念，使建筑画成为一种更广泛的表达、传播手段。艺术家也纷纷参与其中，使建筑画的风格样式更加多元、信息更为复杂，变成了从传递想法（速写、草图）到展现最终形体结果（效果图）的载体。建筑速写与绘画一样，展示价值得到了充分的提升，有些甚至被当作艺术品在全球范围内流通、收藏，摆脱了原先只能依附于建筑本身、传达建筑内涵的角色（图1-2-3）。

建筑速写在发展历程中，功能与样式由“单一化”向“多元化”转变，价值也由“实用”向“展示”转变。从早年工匠通过建筑画记录建筑的营造方法、细部构造、装饰语言、比例系统等内容，到今天建筑师和设计师借助建筑速写体验生活，了解社会、风俗、文化，反映时代特征，表达对建筑风景的情感体验，建筑画和建筑速写既有不同，也具有明显的共性：它们都横跨了绘画与建筑两个艺术领域，都是兼容了两种艺术门类特点的表现艺术形式（图1-2-4）。

图1-2-3　夏克梁　钢笔建筑速写

图1-2-4　韩光　设计师在旅游的过程中通过速写的形式记录的建筑

二、代表人物与作品

建筑是很多画家和建筑师喜欢表现的题材，历史上曾留下很多优秀的美术作品。很多建筑师更是把建筑速写当做其最基本的一项技能，因此也产生了很多出自建筑师之手的高品质建筑速写作品。由于篇幅所限，这里仅选取几个典型代表加以介绍。

1.吴冠中

江苏宜兴人，当代著名画家、油画家、美术教育家。他的建筑速写作品创造性地将西方的形式美与中国传统审美中的意境美进行有机结合，构成了具有中国民族特色的“自然—形韵”新体系。在速写创作中，吴冠中“主要着力于意境与构图的推敲，拣摘不同素材组成画面，在芜杂的物象中提取美之精灵”（吴冠中语）。其钢笔和水墨建筑风景速写大多取材于江南风光，用几何性的形体组合、鲜明纯正的色彩、明亮的色调表现诗一般的意境，达到“写形、写神、写情”的三位一体。其作品的抽象化倾向突出，有些甚至是用一堆墨线和彩点的交织构成富有节奏、韵律和诗意的作品。作品画面飞舞跳动、举重若轻，具备极强的绘画感和艺术观赏性（图 1-2-5、图 1-2-6）。

图 1-2-5　吴冠中钢笔建筑速写作品

图 1-2-6 吴冠中水墨建筑山水作品

2.彭一刚

建筑学家，著名建筑设计师，中国科学院院士，天津大学教授，长期从事建筑美学及建筑创作理论研究。他的建筑速写作品严谨写实、层次清晰，对建筑的空间结构、质感光影的刻画生动逼真，画面厚重有力，具备丰富细腻的观赏效果。其学术代表著作《建筑空间组合论》《中国古典园林分析》中大量的建筑速写作品是他绘画风格的杰出展现（图 1-2-7 ）。

图 1-2-7　彭一刚建筑表现图

3.R.S.奥列佛（Robert S.Oliver）

墨西哥圣米格尔·德阿连德学院美术硕士，职业画家，建筑师，美国亚利桑那州立大学荣誉教授，美国建筑师研究所荣誉会员，美国水彩学会会员。他的建筑速写作品注重通过简单而直接的勾勒，结合色调、阴影与色彩的作用来增强画面效果，曾多次获得美国国家与地方的奖项。其编写的《奥列弗风景建筑速写》一书曾在国内引发广泛好评，成为建筑速写爱好者临摹的范本（图 1-2-8、图 1-2-9）。

图 1-2-8　R.S. 奥列佛建筑速写系列作品

图 1-2-9　R.S. 奥列佛淡彩系列作品

4.DCM（丹顿·廊克·马修）建筑设计事务所

澳大利亚最杰出的建筑设计事务所之一，建筑作品遍布世界各地，受到广泛的认可和赞扬。其设计强调抽象的艺术风格，建筑概念速写图也与之相符，线条松弛但不乏严谨，画面敢于进行大胆的取舍，拉开虚实主次，形成强烈的氛围感，具有较强的写意特色（图 1-2-10、图 1-2-11、图 1-2-12）。

图 1-2-10　DCM 建筑设计事务所的建筑概念速写图

图 1-2-11　DCM 建筑设计事务所的建筑概念速写图

图 1-2-12　DCM 建筑设计事务所的建筑概念速写图

5.叶列梅耶夫

奥列格·阿列格季维奇·叶列梅耶夫（Oleg Arkadievich Eremeev）俄罗斯艺术科学院院士，著名的艺术家和艺术教育家，列宾美术学院前院长。其建筑速写作品善于运用构图，合理且巧妙地突出视觉中心，构建画面的趣味点。画面中黑白关系的有序控制使得场景的层次感丰富，自然流露的线条让画面具备轻松的观感（图 1-2-13、图 1-2-14）。

图 1-2-13　叶列梅耶夫的建筑速写

图 1-2-14　叶列梅耶夫的建筑速写

第三节 国内外建筑速写课程特点比较

一、国内同类专业的课程体系

建筑类及相关设计专业的建筑速写课程多安排在本科一年级的基础教学中，既有独立成课的设置，也有作为其他造型或表现课程的练习环节而分解设置的，具体设置要看各院校的课程安排。独立式的速写课程一般安排在素描、色彩等课程之后，以两门课程中教过的基础表现技法引领速写课程的学习。分解设置的速写课则是将技法训练分阶段融入不同的基础课程中。

作为独立课程的建筑速写，安排较为系统，内容一般为拷贝大师作品、描摹照片、根据照片进行速写和户外现场写生。训练的方法则是从用线、单体、透视、构图、处理等方面着手，通过训练达到熟练掌握写生技巧的目的。

如果作为其他课程中的环节设置，常见的有：在“素描课”的最后阶段，以钢笔、水笔等硬笔类表现工具为载体，练习以线为主的黑白建筑速写；在“设计表现课”的起始阶段，训练学生用线、塑造、艺术处理等方面的能力，为水彩渲染、彩铅塑造、马克笔快速表现等做好铺垫；在“考察课”的整个过程，以记录资料为目的，训练学生遴选考察对象、快速记录对象有效信息的能力。教学的安排一般也是按照循序渐进的原则，从易到难地合理编排练习阶段，形成从基础训练到实践运用的系统流程（图 1-3-1）。

图 1-3-1 路瑶 建筑速写的学习一般都是从拷贝、描摹照片开始的

二、国外院校相关专业课程体系

在法国，初中及以下都会有每周一小时的绘画课程。大概在高中阶段（15~18 岁），绘画不再是硬性规定，只有一部分人还在坚持绘画。对景观专业的学生来说，各个学校会根据整体课程来设置绘画课程的时间和课时。像法国昂热高等农学院本科二年级的学生是每年有 10 小时的绘画课。2017 年，法国国立昂热大学景观专业二年级有 12 小时的绘画课。里尔国家建筑与景观设计学院每年有 18 小时的绘画课程。法国凡尔赛高等景观学院是法国最专业的景观学院，每年有超过 75 小时的艺术课程，其中有一部分是绘画速写课程。而对建筑专业的学生而言，每个学校的教学计划都不一样，布列塔尼国家建筑学院每年有 36 小时的艺术课程。事实上，在法国，所有的建筑或景观学校都有艺术方面的课程，但绘画，特别是手绘（速写）没有明确量化，其课时很大程度上取决于授课教师本身。

总的来说，国外院校建筑类相关专业的建筑速写课程设置与国内相似，既有独立设置，也有穿插设置。在教学目标上，以服务建筑设计的概念思维表达为核心，选用的绘画工具多为炭（铅）笔、钢笔、水彩和彩色铅笔等。

三、建筑速写相关课程

1.素描课程

素描是一切绘画的基础，也是各种造型艺术的基础，它作为美术教学的基本功训练手段，以锻炼学生整体观察和表现对象的形体、结构、动态、空间关系（包括明暗和透视关系等）的能力为主要目的。通过素描课程的学习，学生能在单纯的绘画表达中，清晰树立对客观对象的造型、空间、体积和结构的认识，提高观察能力、造型能力和表现能力（图 1-3-2）。

图 1-3-2　龚立明　建筑素描

对建筑速写而言，建立扎实的素描表现功底，能使绘画者养成良好的观察习惯，培养敏锐的感知力，能让他们较为顺畅地理解景物间的各项关系，有利于他们运用相关技能解决表现过程中的形态塑造问题（图 1-3-3）。

2.色彩训练课程

色彩训练是建筑速写的另一项相关课程，它与素描相辅相成，重点关注如何运用各种颜色来刻画景物，塑造画面的综合关系。通过色彩表现练习，学生能逐步形成对色彩关系的敏锐感受力，体会用色的基本规律，掌握一定的配色技巧，提高对写生色彩系统的认识，提升对色彩的高度概括和主观表达的能力（图 1-3-4）。

在建筑速写中，运用色彩训练的基本理论和方法并通过一定数量的练习，着色时能有效避免色彩搭配不当、色彩与形体关系脱离等基本问题的发生，也能控制好画面的色调与轻重、冷暖节奏（图 1-3-5）。

图 1-3-3　龚立明

空间的表现、形体的塑造建立在合理的素描关系基础之上

图 1-3-4　夏克梁　色彩训练

图 1-3-5　夏克梁　注重色彩调子的画面

3.设计手绘表现课程

设计手绘表现也被称为手绘效果图表现，是建筑及相关设计专业课程体系中不可缺少的部分。它要求运用专业的表现工具和一定的表现技法，绘制出符合设计师预想效果的设计成果展示图。设计手绘表现不同于普通的写生，它所展现的画面必须达到设计者心目中“最佳、最理想化”的效果，以为后续施工建设提供参考指导。设计手绘表现要求从主体建筑的每个细节到配景的一草一树，都必须精心设计、合理安排、仔细取舍、悉心造型、合理配合，使画面的每一处都尽可能尽善尽美（图 1-3-6）。

设计表现的课程训练有助于学生在速写时形成主动处理画面的意识，较为快速地掌握画面处理的相关技巧，并能自然、熟练地加以运用，以提高作品的表现力（图 1-3-7）。

4.建筑概论课程

建筑概论课程作为建筑及相关设计专业的基础课程之一，是初步而全面地认识、了解建筑相关知识的必修环节。不同于其他题材的艺术创作，建筑本身就是一套完整的艺术语言。课程中关于建筑的基础功能、发展历史、文化内涵、功能风格转化和构造系统衍变等知识的传授，都有助于带领学生走进建筑的世界，与不同的个体对话，全方位、多视角地体会建筑的精妙之处。

学生在具备了建筑构造、结构材质、风格流派等专业相关知识的基础上，才能对所要表现的对象形成系统化的认识。在速写中，才能从理解主体的角度出发，有选择性地对建筑的精华之处加以突出，强化其内外特征，以强烈的风格贯穿画面的每个部分，营造出相应的美学氛围（图 1-3-8）。

图 1-3-6　王姜　景观设计表现图

图 1-3-7　周昭柏　以设计表现图手法完成的速写

图 1-3-8　刘开海　理论课的学习也有助于建筑速写的提升

第四节　建筑速写作业评价标准

建筑速写与其他传统类别的绘画相似，成果评价一般可从画面展示出的直观效果出发给以优劣判断。从专业训练的要求来看，我们常常借助以下四个方面来对一幅作品的质量进行具体而细化的衡量。

一、整体性——局部、整体及空间关系

整体性的塑造是画面的首要问题，也是评价一幅作品的首要标准。它要求画面能处理好单体局部刻画和群体组合效果之间的协调关系。整体性不佳或缺失将直接使画面变得散乱、合理性不足，各景物间难以组成合力，难以给人形成整体印象。在整体性的要求下，我们应从画面空间关系是否合理与舒适、各局部之间的关系是否和谐有序、局部表现是否服从整体展示要求、整体视觉面貌是否协调有力等方面树立评价标准，使学生在处理整体关系方面建立起明确的概念，努力确保画面大局效果的良好呈现（图 1-4-1）。

二、科学性——透视、构图及技法处理

绝大多数的建筑速写作品都是以客观对象为参照，表现的内容也会力求被多数人所理解。科学性便是在绘画者和普通观众间建立沟通的基础纽带。画面呈现的科学性有符合自然规律的科学，也有符合审美规律的科学。前者主要表现为画面应遵循透视的原则要求，符合近大远小的基本特征，使每个景物都能存在于合理的空间体系内；后者主要表现为运用美学原则精心组织构图，并结合科学的技法处理，使画面的美观性和视觉舒适性得到保障。如果违反了两者规律中的任意一项，作品的效果都会违背人们的日常经验，变得凌乱怪异，使人难以接受。因此，科学性作为速写的评价标准，在练习中应严格把握（图 1-4-2）。

三、丰富性——主次、节奏及对比

速写作品的视觉丰富性是用于评价画面塑造能力强弱的基本标准。好的画面不会仅提供单一、有限的观感，它会竭力让场景所承载的信息变得饱满丰沛，会不断以各种方式冲击观者的眼球，使他们享受丰富的视觉盛宴。视觉丰富性的营造与画面主次关系、节奏关系的处理紧密相关。绘画者可利用对比的手法在上述两方面拉开反差，并在此原则下通过对中间层次的塑造，提升画面的丰富性（图 1-4-3）。

四、艺术性——点、线、面的表现力

重视对画面艺术性的评价，就不能忽视艺术手段所起到的作用。承载艺术手段的点、线、面的表现力强弱，则是影响画面艺术性高低的根本因素。能否灵活、合理、有效地利用点、线、面，简洁而准确地表现建筑形体结构，准确传达作者的所思、所想、所感，展现作者与众不同的个性；能否通过点、线、面之间流畅熟练而巧妙设计的组合搭配，传达超脱画面的意境，带给观众新鲜的视觉感受和无尽的思考、联想与回味，这些都是艺术性所要考量的指标。这些目标的达成，必须建立在对艺术性的良好感知与长期而刻苦的训练之上，只有这样，才能在速写时做到自觉、熟练的表达，让艺术性自然而然地流露（图 1-4-4）。

图 1-4-1　王夏露

整体性较强的画面，显得紧凑、富有视觉张力，每一个局部和细节都是画面不可分割的一部分

图 1-4-2　潘玉琨　科学合理的透视关系使得画面具有极强的纵深感

图 1-4-3　庄宇　画面刻画深入，空间层次丰富

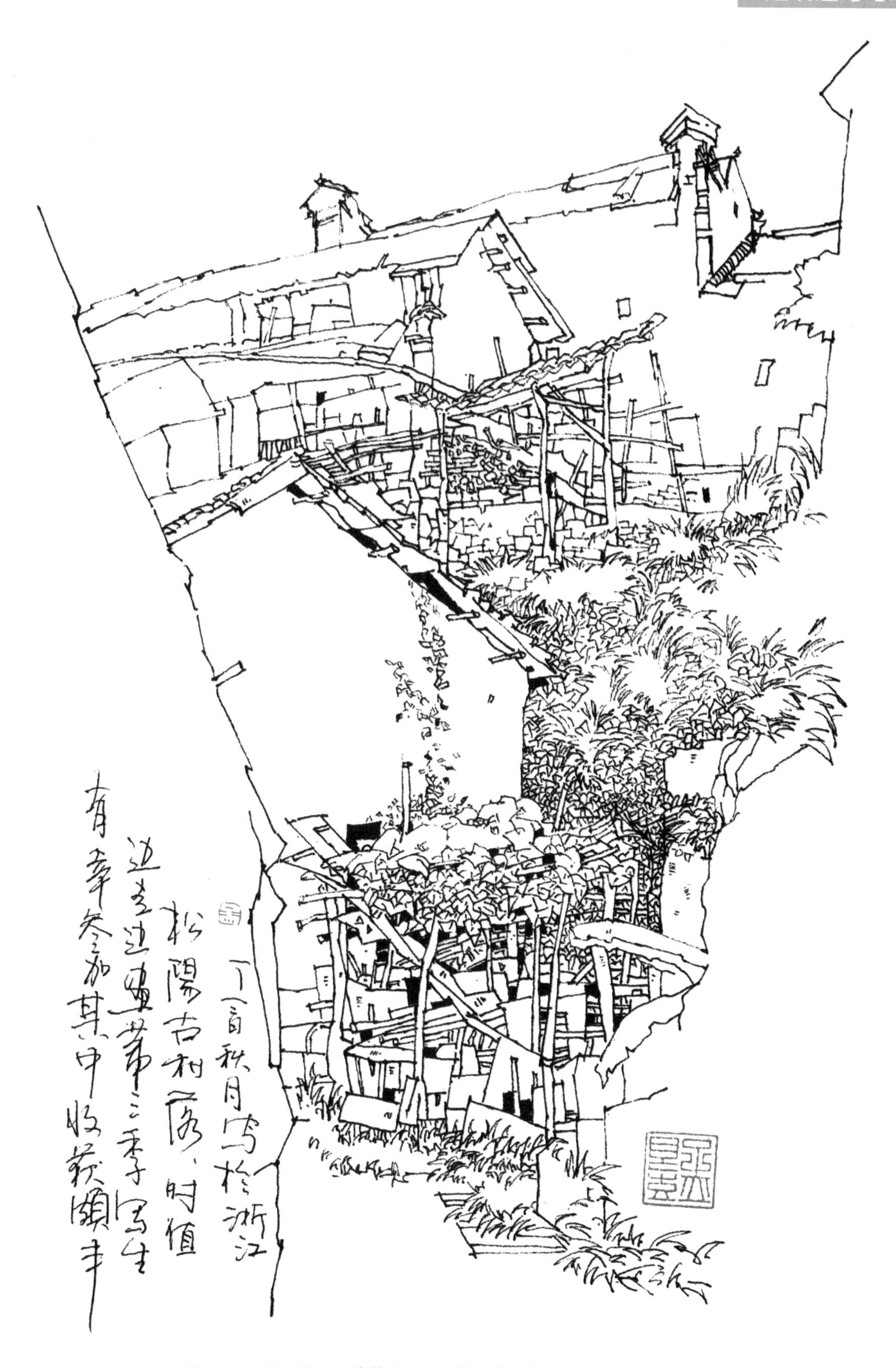

图 1-4-4　孟现凯　具有艺术性的画面总是更能打动人，引起人的共鸣

第二章　分段实训

第一节　项目训练一——单体速写练习
第二节　项目训练二——临摹速写练习
第三节　项目训练三——实景速写练习

第二章　分段实训

本章概述

本章根据建筑速写实训步骤，将实践学习分为单体速写练习、临摹速写练习和实景速写练习三个阶段，对每阶段的学习要求、练习程序、技术要点、参考资料等内容进行详细的阐述，结合代表性较好的示范案例，帮助学生扎实地掌握建筑速写的基本技能。

学习目标

通过本章的学习，学生能够循序渐进地学会建筑速写的基本技能，并能够在实践中灵活熟练地运用。

第一节　项目训练——单体速写练习

一、课程概况

1.课程内容

选取常规的建筑画组景元素，按类别逐一进行塑造练习，内容包括小型单体建筑、植物、水体、景石、铺装、人物、天空、交通工具等。练习中应运用已经学过的点、线表现方式，独立组织表现。要求掌握各类单体3种以上的表现手法（图2-1-1、图2-1-2、图2-1-3）。

图2-1-1　单体建筑

图 2-1-2　植物

图 2-1-3　叠水

2.训练目的

培养学生对单体结构的理解与形态的表现能力，使他们能灵活运用各类表现手法塑造对象，明晰不同手法的特点和适用范围（图 2-1-4）。

图 2-1-4　李国胜

结构表达清晰的单体建筑

3.重点和难点

（1）重点

①掌握多样化的表现技巧。单体分类练习要求在短时期内尽可能多地掌握单体的表现手法，以达到应用的目的，因此在练习中要了解、熟悉各种表现手法的一般规律，抓住要点，有效组织线条（图 2-1-5、图 2-1-6、图 2-1-7）。

图 2-1-5　夏克梁

用线结合面的手法表现的单体

图 2-1-6　夏克梁

用线条表现单体的形体和结构

图 2-1-7　夏克梁

用线条结合略带明暗的手法表现的单体

②兼顾单体形态。单体景物作为一幅画面的基本单元，是构成画面美感的重要形态元素、关系元素。每件单体不仅自身要具备美感，还要兼顾整个画面节奏的舒缓、跳跃。初学者在练习时，除了要关注表现技巧的合理应用之外，还必须兼顾对造型美感的准确把握，要把对象的形体特点刻画到位（图 2-1-8）。

图 2-1-8　夏克梁

在单体的基础上略加配景，便成为一张完整的画面

（2）难点

①灵活组织、运用线条。线条形态多样，具有独特的魅力，由线条组织表达的单体也应当传递优雅、干练、萧肃等气质。初学者一味追求把线画准，易将线画得僵硬、死板，无法强调线条的个性，致使画面缺少视觉张力和艺术感染力，进而导致多种画法间的差异模糊，近似雷同（图 2-1-9）。

图 2-1-9　夏克梁
用线肯定、随意、自如的简易建筑

②深入刻画物体。单体练习要求深入地研究或刻画独立造型元素，将造型形态、线条组织、黑白对比、节奏关系处理到极致。初学者在塑造单体时容易流于表面，难以抓取要点来展开进一步刻画，因而导致细节的深入程度不够，内容显得平淡，不够精彩（图 2-1-10）。

图 2-1-10　龚立明
刻画深入的柴火

4.作业及其要求

（1）作业要求：对小型建筑、植物、石头、人物、水景等各类单体进行多种形式的表现练习，以便在画面中综合运用、自如搭配。要求单体造型元素的位置与大小应符合透视原理，形体结构准确，各局部关系清晰，线条具有一定的表现力，画面主次、虚实关系处理得当（图 2-1-11、图 2-1-12、图 2-1-13）。

图 2-1-11　水景实景照片

图 2-1-12　夏克梁
根据水景实景照片表现的作品，主观增加了植物，使表现的画面更加丰富

图 2-1-13　夏克梁
同样是根据水景实景照片表现的作品，有意拔高左边的植物，使画面的构图更富有变化

（2）作业数量：8—10 组（合理安排在 A3 纸中），A3 幅面 4 张。

（3）建议课时：16 课时。

二、设计案例

1.教师示范作品

夏克梁植物、石头系列作品：夏克梁为中国美术学院的副教授，常年坚守在教学的第一线并坚持写生实践，注重教学与实践相结合，其速写作品兼具实用性和艺术性，被无数速写爱好者效仿，具有一定的引领性，备受高校建筑、环艺设计专业师生的青睐，出版的多部速写书籍被全国数十所高校指定为教材。

植物和石头系列是速写的基础范本，易懂、易学、易掌握。植物和石头是建筑速写中最基本的构成元素，离开了植物和石头的配景，就难以构成完整的画面。植物和石头的单体与整个画面相比，尽管形态简单，但同样包含着绘画的基本原理及处理画面的普遍规律，只要学会单体的塑造和处理，也就不难表现植物和石头等元素的组合、建筑小品和空间的处理。作者在教学中深深体会到植物和石头的单体练习也是学生最难以掌握的内容。下面一系列作品是建筑、景观、园林等专业的学生学习速写很好的参考资料，学生可以从中学到更好的表现方法和基本原则（图 2-1-14—图 2-1-21）。

图 2-1-14　夏克梁

植物的组合需要通过明暗对比拉开空间关系

图 2-1-15　夏克梁

植物的表现要注意它的生长规律和形态特征

图 2-1-16　夏克梁

无论是乔木还是灌木，在表现的过程中都要注重树冠体块的表达

图 2-1-17　夏克梁

灌木丛的表现要注意不同植物的穿插变化及植物之间关系的表达

图 2-1-18　夏克梁

石头的表现要注重它的体块特征和形体变化

图 2-1-19　夏克梁

表现石头的线条不宜过方也不要过圆，往往是两种线条的穿插和结合

图 2-1-20　夏克梁

石头和植物的组合，通过疏密对比来表现不同质感，也使画面更富变化

图 2-1-21 夏克梁
石头和植物、水体的组合和相互穿插，使表现的物体融合在画面中

2.具有代表性的学生作业

（1）陈丽娇箩筐系列作品

该生作品中所表现的箩筐注重对结构的表达，用线肯定有力，依靠线条的疏密对比来拉开前后的空间关系，画面中的箩筐严谨却不呆板，具有一定的视觉张力（图 2-1-22、图 2-1-23、图 2-1-24）。

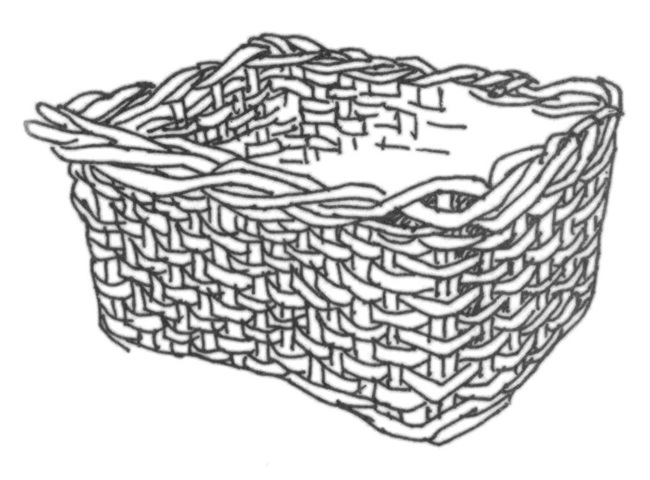

图 2-1-22　陈丽娇

用藤编制的筐子，通过虚实对比拉开筐内筐外的空间关系

图 2-1-23　陈丽娇

装满丝瓜的篮子，通过刻画的深入程度拉开篮身的远近关系

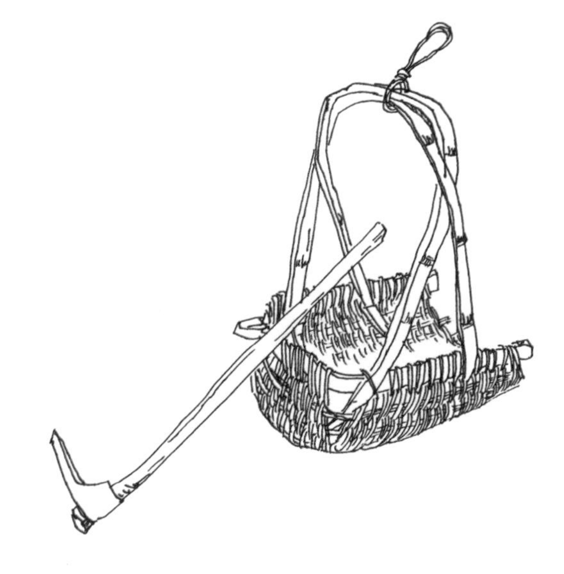

图 2-1-24　陈丽娇

篾编的簸箕，也是通过虚实对比拉开内外的空间关系

（2）邱晓雯牛腿系列作品

该生选择的单体构造是牛腿，线条刚劲有力，能清晰地表达牛腿的结构和形态，线条组织注重疏密的变化，整体画面主次分明，且具有一定的空间感（图 2-1-25、图 2-1-26）。

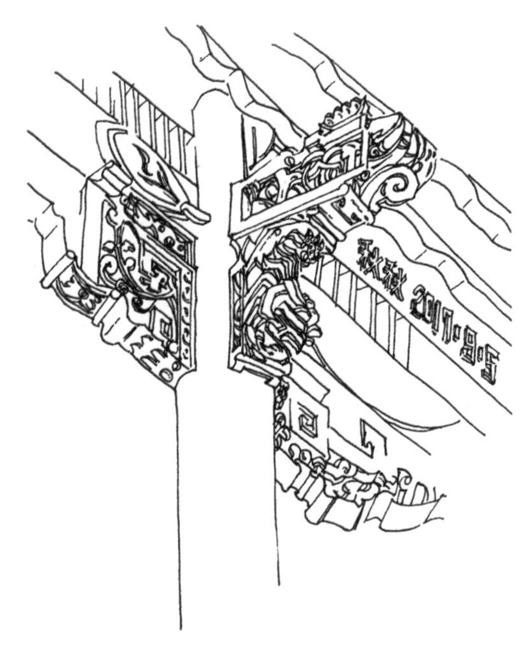

图 2-1-25　邱晓雯

牛腿一，用线肯定，并清晰表达出结构和转折关系

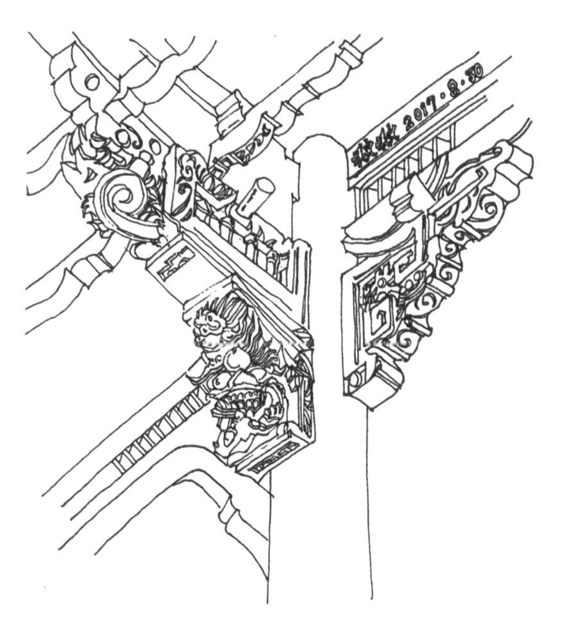

图 2-1-26　邱晓雯

牛腿二，在清晰表达出牛腿之外，画面强调了主次的对比关系

（3）王振柴堆、石头、单体建筑系列作品

该生在单体、小品的训练过程中注重物体的组合及构图的变化，用线条适当结合影调的方法塑造形体，使表现的物体厚重扎实，且具有一定的艺术性（图 2-1-27—图 2-1-30）。

图 2-1-27　王振

鸡窝，清楚表达了建筑的形体和结构

图 2-1-28　王振

植物和杂物的组合，疏密变化得当，高低错落有致，使画面富有变化，具有节奏感

图 2-1-29　王振

植物和柴堆的组合，刻画程度不同，使画面前后层次更加分明

图 2-1-30　王振

石头和植物的组合，刻画不同、表现手法不同，使画面主次分明，并富有变化

三、技术要点

1.线条的运用方法

（1）用线的基本要求

建筑画主要靠线条塑造形象，线条是构成形体的基本单位。线条的变化组合不仅能使画面产生主次、虚实、疏密等艺术效果，不同的笔触还可以传达个性化、风格化的视觉感受。作者可以借助线条的个性特点，传达对物象的各类情感。初学者应学会根据场景的内容和主题，选择恰当的线条来表现对象。因此首先必须熟悉各类线条、笔触的基本用法，这样在下笔时才能做到胸有成竹、游刃有余（图 2-1-31、图 2-1-32）。

图 2-1-31　李明同

具有国画意味的钢笔速写，用笔肯定、缓慢，多为短笔触

图 2-1-32　蔡亮

用笔肯定、快速，并适当结合体块，使画面显得轻快和多变

鉴于线条对画面效果具有至关重要的影响，学生在学习时就必须使自己达到能够灵活、合理控制线条的程度。为了使每一笔都富有表现力，务必让每一笔能够代表更多的含义与内容。肯定、干净、流畅是画线的基本要求。由于作画过程中常常会直接用钢笔、针管笔等工具勾勒对象，无法对这些线条进行擦拭、覆盖、涂改，这就要求作者必须在下笔前对所绘对象的结构、体块穿插关系、细部造型等方面建立起清晰明确的认识，考虑好线条的位置、形态、疏密以及线与线之间的组织方式，下笔之时果敢大胆，一气呵成（图 2-1-33）。

图 2-1-33　张孟云　下笔必须要果断，用笔则可以缓慢

画面若要达到较为理想的效果，用线时应遵循以下几点：

①线条应肯定有力，运笔要放松。好的线条要做到用力平均，有分量感。开始时用笔不宜过快，应将准确性放在首位，追求较高的到位率；一次一条线，线的位置、长短与方向要做到基本准确，要努力控制好线条的运行轨迹，要能控制每一个下笔点，且这种控制是完全主动的，以“不涂改、不覆盖”为目标，切忌分小段往复描绘。用笔不能像溜冰那样一滑而过，线条一定要稳，必须根根到位、条条清晰，防止“坠”（拿笔不稳）和“飘”（下笔无力）。画面中出现的所有线条都要确保其有价值，能发挥应有的作用，切忌出现随意涂抹的线条，要在不断的练习中将多余的线条逐步消灭（图 2-1-34、图 2-1-35）。

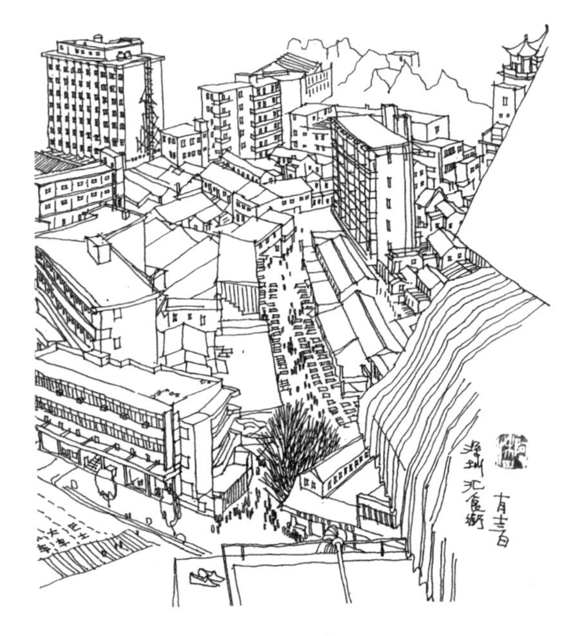

图 2-1-34　潘玉琨
用笔时施力均匀，线条干脆、到位的画面

图 2-1-35　潘玉琨

受力均匀的线条本身虽无太多变化，却通过线条的疏密组织使画面产生主次、远近的空间层次

②在保证用力均匀的同时，针对不同的对象，还应讲求线条的变化，要有顿挫轻重之感，力道和线条相结合，不是只追求力道，还要刚柔相济，柔中见刚，刚中见柔。好的线条要绵里包针，要使百炼钢变成绕指柔。只有这样，才能精微、完美地表现对象（图 2-1-36）。

图 2-1-36　夏克梁　富有变化的线条所组成的画面显得更加生动

③当一条完整的长线无法一次性持续、稳定地画出时，可将此线条适当分段，一段接一段地画。分段点可做间隙式留空，不宜做点叠点式的描接，否则前面线条的末端与后面线条的起始点交合，容易在纸上留下明显的笔触接头，看上去缺乏连贯性，从而影响画面效果。在以钢笔线表现建筑类对象时，需要运用大量长线条勾勒形体轮廓，且用线必须连贯、挺直。初学者往往难以做到一气呵成，遇到这类情况，就要有意识地将长线做分段处理，适当插入点状元素，自然地做出衔接，确保线条的节奏与流畅（图 2-1-37）。

④勾勒物体时须保证块面边缘结点处的线条正确交接，在某些风格下，交叉处的线条可做出头处理。在绘画时，作者应具备严谨的空间结构意识，每个面都要通过线条的相互封闭以确保完整性和合理性。有时宁可“画出头、画过”，也勿“画不到、不及”，牢牢相连的线条可使对象形体显得更为结实完整（图 2-1-38、图 2-1-39）。

图 2-1-37　张孟云　钢笔画的线条可以停顿，也可以是短线条，但落笔必须要肯定

图 2-1-38　潘玉琨

建筑速写中线条的到位至关重要，到位很重要的一点就体现在界面边缘节点处是否封闭或交叉

图 2-1-39　李国胜

界面边缘的节点处都处于封闭或交叉状态的建筑显得格外严谨，也使画面显得更加有张力

⑤用线原则："宁可局部小弯，但求整体大直。"当无法控制线条的走势，其方向趋势与物体结构严重脱离时，不要涂改，而应及时停止，重新开始。物体轮廓、重叠、转折等特定部位的线条可适当加粗以示强调（图 2-1-40）。

图 2-1-40　潘玉琨

线条是构成钢笔画的最基本单位，想画好钢笔速写首先要解决用线问题

（2）线的表现形式

我们在此列举出钢笔画中几种比较典型的线条表现形式，初学者可根据对象类型合理选择使用。

快速平滑线——线条直且具有速度感，多用于表现物体的形体关系。此类线条可以传达清晰明了的视觉效果，画面爽快大方，也可以短线转换方向多次重复的形式，塑造物体的明暗体积关系或富有规律的材质肌理（图 2-1-41、图 2-1-42、图 2-1-42 局部）。

图 2-1-41　快速平滑线

图 2-1-42　蔡亮

快速平滑线在表现台阶等地方的运用

图 2-1-42　局部

缓线——慢速画线。缓线给人以稳定、严谨、扎实的感觉，体现出绘画者较强的线条控制能力，多用于表现物体的轮廓。初学者大多追求线条的速度感，但在没有扎实基础的前提下，这样的线条容易失去控制，使画面显得"飘"，不够稳定耐看（图 2-1-43、图 2-1-44、图 2-1-44 局部）。

颤线——运笔上下颤动。以颤线构成的画面可以带来特殊的视觉效果，形成强烈的徒手绘画之感。可用于表现场景中特定的物体，例如水景、倒影之类的材质肌理（图 2-1-45—图 2-1-47 局部）。

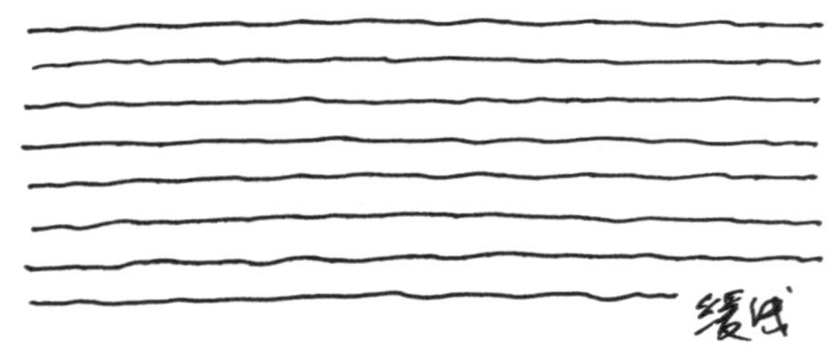

图 2-1-43　缓线

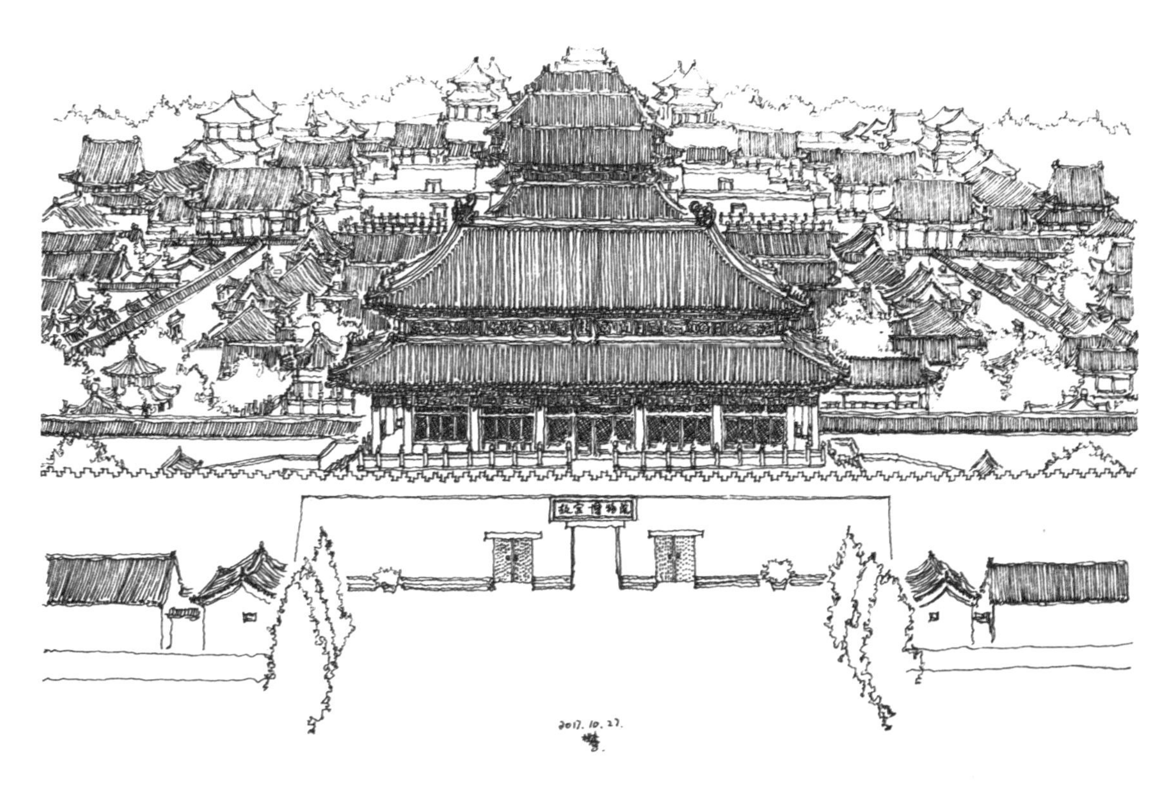

图 2-1-44　邓攀　缓线在表现屋面时的运用

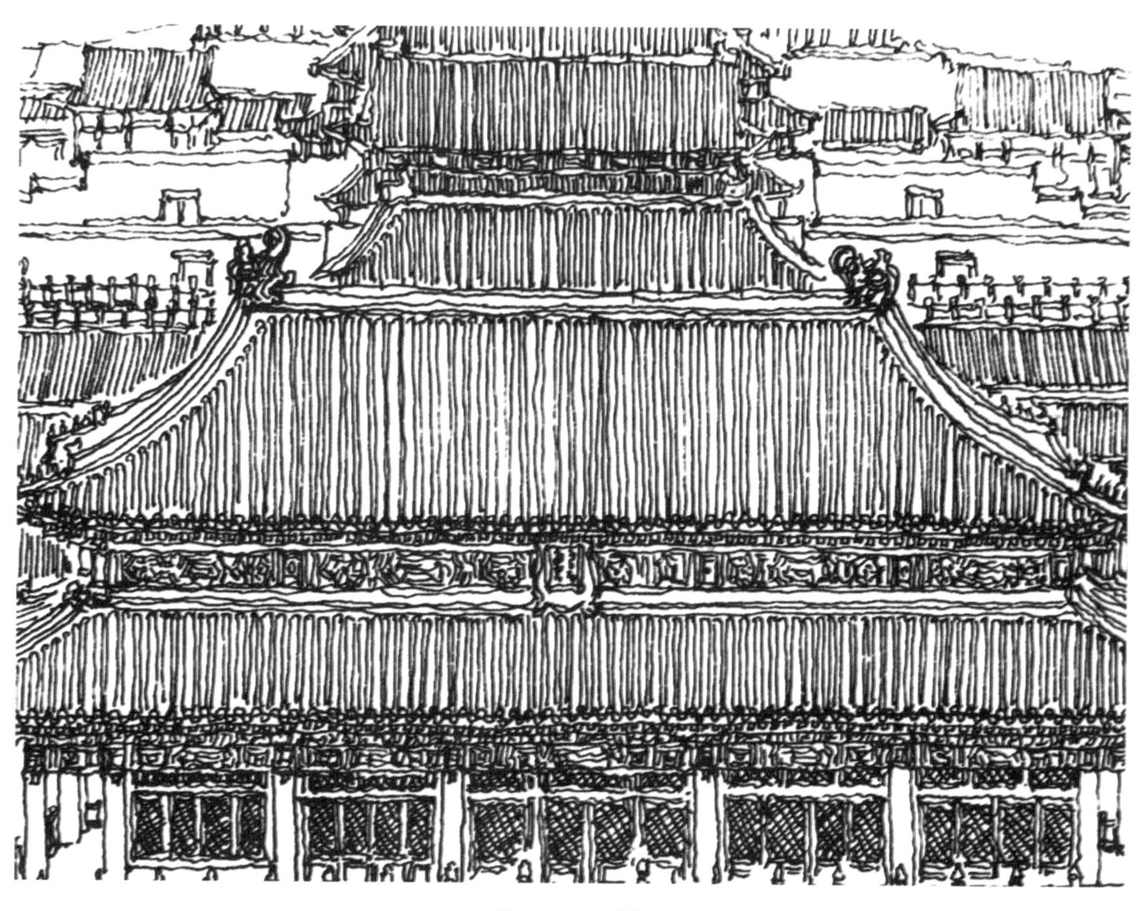

图 2-1-44　局部

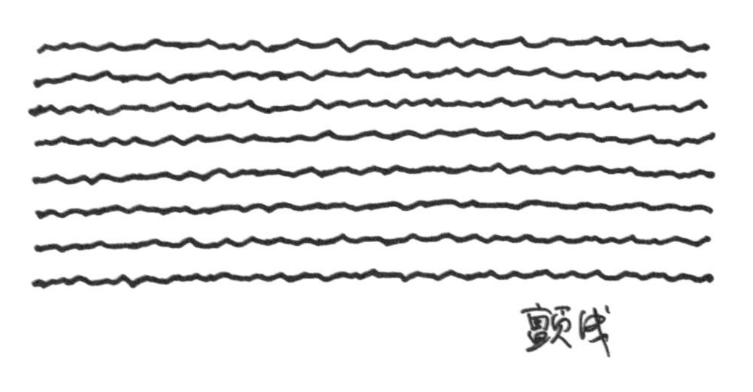

图 2-1-45　颤线

图 2-1-46　局部

图 2-1-46　华婷　颤线在表现石头质感时的运用

图 2-1-47　李国胜
颤线在表现水面质感时的运用

图 2-1-47　局部

断线——运笔缓慢，由断续的点和短线组成。通常以成组排比的方式连续用线，虚虚实实，富有变化，多用于表现明暗画法中物体的背光部位，塑造光影下的体积关系。这类线条以长线为主，适当结合短线或点，其整体效果接近缓线，在画面中可以选择性地有意而为之（图 2-1-48、图 2-1-49、图 2-1-49 局部）。

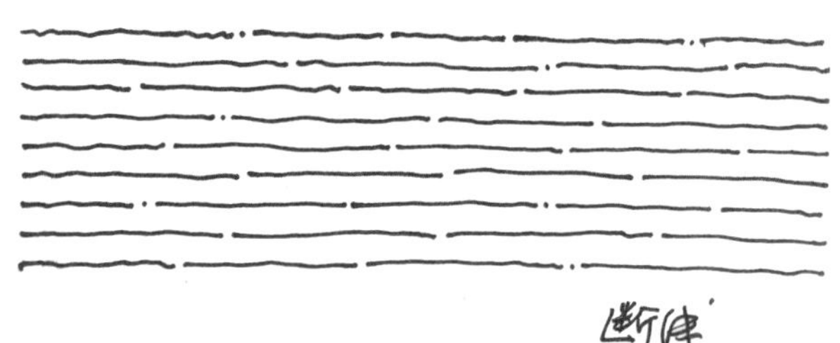

图 2-1-48　断线

图 2-1-49　李国胜
断线在表现围墙时的运用

图 2-1-49　局部

自由线——自由、随意地画线，是钢笔画线条运用到一定熟练程度的结果。自由线不受固定规律限制，多用于快速表现画法，须在具备较好的线条控制能力的基础上使用。用线较前者更为随性奔放，适当运用可使画面更显灵动效果（图 2-1-50、图 2-1-51、图 2-1-51 局部）。

图 2-1-50　自由线

图 2-1-51　潘玉琨
自由线在表现植物时的运用

图 2-1-51　局部

除了上述若干种直线方式，钢笔建筑画中亦有大量曲线甚至乱线，曲直结合，相得益彰。效果各异的曲线使用得当，可以起到画龙点睛的效果。

曲线——用于表现曲线形态的建筑结构或植物形态，也可以组合表达某些特殊的肌理效果，如粗犷扭曲的树干、质地粗糙生态自然的夯土墙面等。曲线线条富有动感，有组织性，流畅而多变化，常以排线的方式成组出现，用线应注意方向的转换承接，以免单一（图 2-1-52、图 2-1-53、图 2-1-53 局部）。

乱线——所谓“乱”，并不是漫无目的地随意涂画，也有一定的规律。乱线多采用画圈方式或螺旋式，使线条本身具有一定内在规律，再在用线上反复叠加、重复，多用于表现物体的明暗关系。以乱线组织而成的画面具有特殊的视觉效果，但在运用乱线时，需要时刻以整体的眼光掌控全局，要控制好乱线组织之下对象形体的明确性以及画面的黑白关系，否则画面容易陷入散乱的困境（图 2-1-54、图 2-1-55、图 2-1-55 局部）。

图 2-1-52　曲线

图 2-1-54　乱线

图 2-1-53　李国胜

曲线在表现圆弧建筑时的运用

图 2-1-55　潘玉琨

乱线在表现树冠时的运用

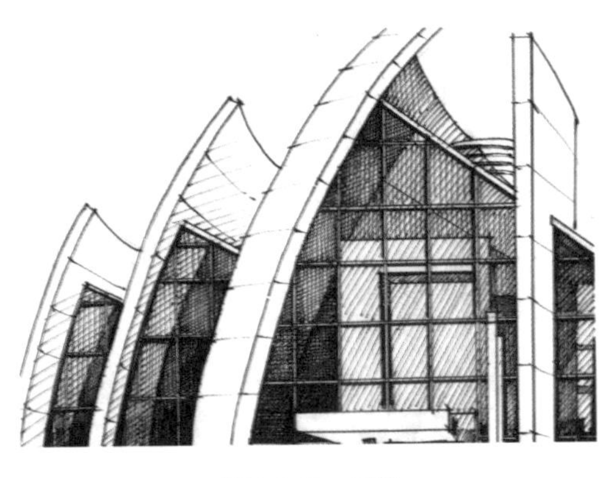

图 2-1-53　局部

图 2-1-55　局部

（3）线的组合方式

线条可以有多种组合方式，应根据画面需要，选择合适的形式进行表现，使物体产生明暗层次的渐变。常用的线性组合方式有以下几种：

①直线线条排列形成方向。以平行铺排直线条的方法组织线条，线条之间的间距、线条整体的斜度、长度都可以根据块面灵活调节，此类线条练习主要以横向、竖向与斜向三类为主，也是最为常用的排线方式（图 2-1-56、图 2-1-57、图 2-1-57 局部）。

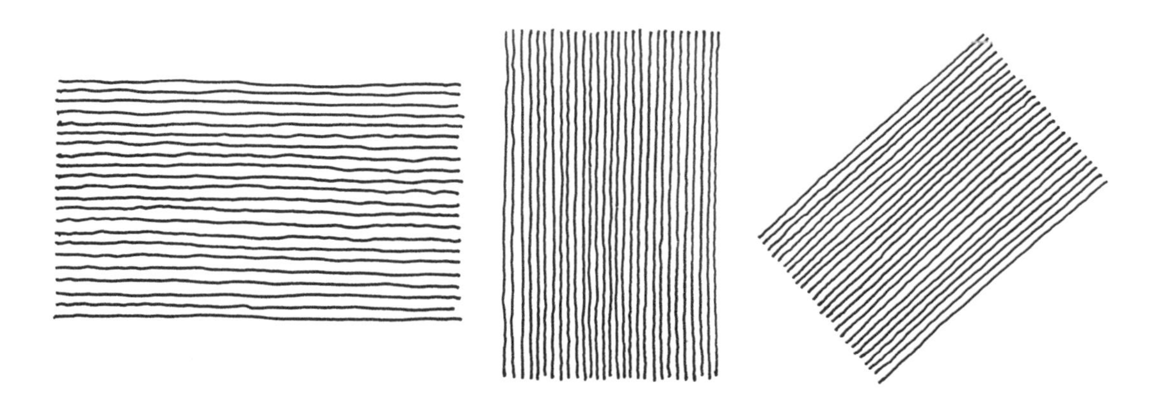

图 2-1-56　直线的线条排列形成方向感

图 2-1-57　路瑶

平行铺排的直线条在画面中的运用

图 2-1-57　局部

②曲线线条排列形成运动感。以平行递进的方式铺排曲线，根据块面空间关系合理控制线条的疏密关系，从而产生强烈的进深空间效果（图 2-1-58、图 2-1-59、图 2-1-59 局部）。

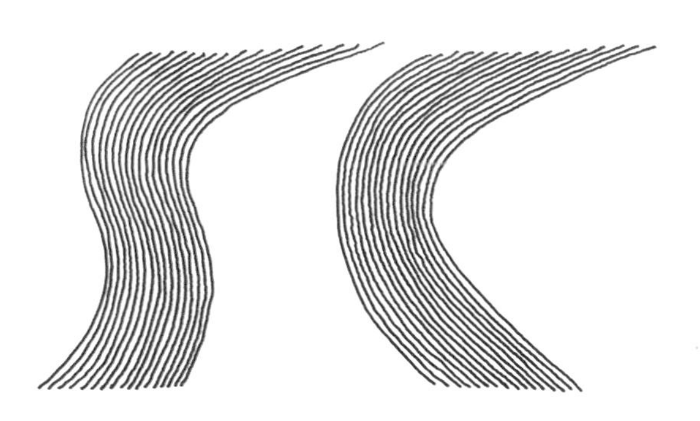

图 2-1-58　曲线的线条排列形成运动感

图 2-1-59　潘玉琨
平行递进的铺排曲线在画面中的运用

图 2-1-59　局部

③线条的叠加形成明暗层次。线条叠加大致可分为平行叠加、交叉叠加以及斜叉叠加三种，也可以在个人理解的基础之上自由组合、发挥，这是使画面深入、生动的重要刻画环节（图 2-1-60、图 2-1-61、图 2-1-61 局部）。

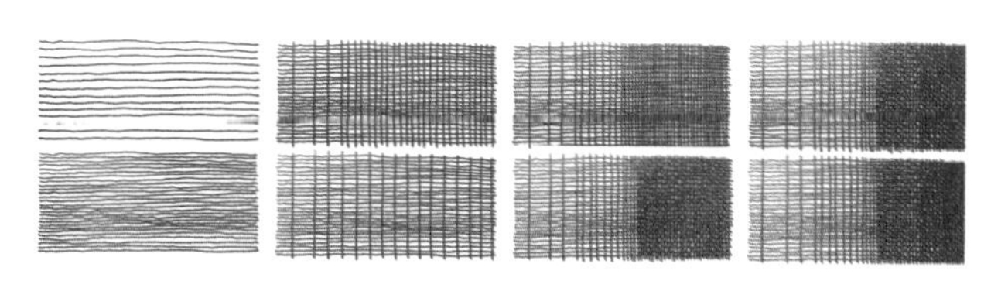

图 2-1-60　线条的叠加形成明暗层次

图 2-1-61　徐志伟
线条的叠加在画面中的运用

图 2-1-61　局部

2.体块的塑造方法

（1）体块的概念

体块由高度、宽度和深度组成。深度在造型艺术中被称为物体的空间性（即立体性），这也是体块的最基本特征。我们所描绘的对象无论呈现何种繁乱复杂的形态样貌，其本质都能归结为简单的体块造型。因此，只要掌握了体块的空间特征和构成规律，将线条建立在空间体块的骨骼之上，就可以抓住对象的本质（图 2-1-62、图 2-1-63）。

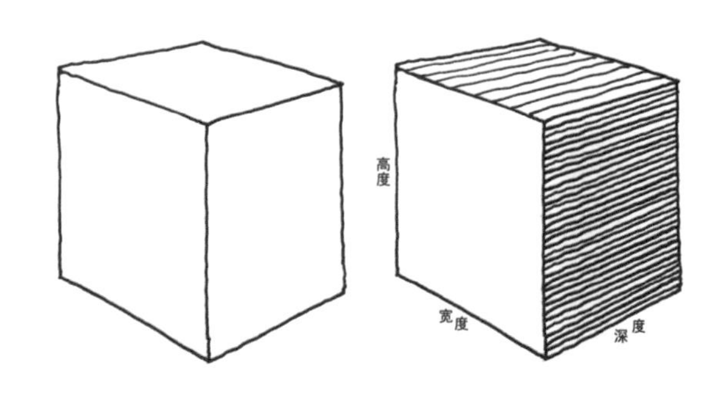

图 2-1-62　体块由高度、宽度和深度组成

图 2-1-63　庄宇

一般的建筑都可以看作是由几个简单的几何体块所构成

（2）体块的塑造方式

体块形态变化多样，基本塑造方式有以下三种：

①线条塑造。这种表现方式在钢笔建筑画中应用广泛，要求有扎实的线条基本功，同时对描绘对象的结构有正确的认识和理解，通过有意识地组织体块的线条疏密关系控制画面的韵律和节奏，整体画面关系清晰、完整（图 2-1-64、图 2-1-65）。

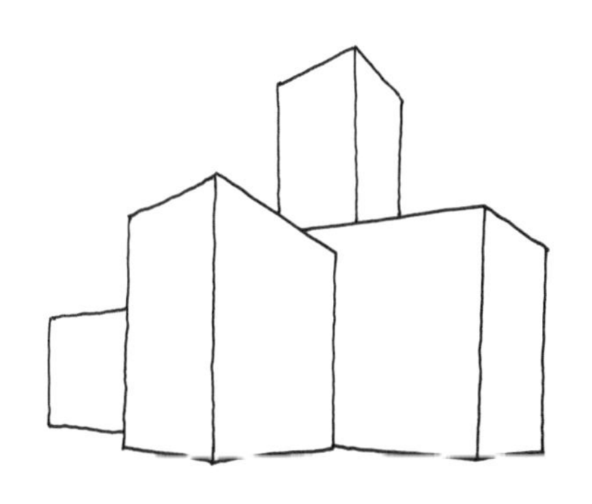

图 2-1-64　用线条塑造体块

图 2-1-65　李明同
通过线条的组织表现建筑的形态和体块特征

②线、面结合式塑造。由勾勒明确的块面轮廓与多样的线条形式结合表现体块。物体形态完整，结构关系明确，既能概括物体的结构关系，又能适当深入刻画，是初学者易于掌握的手法（图 2-1-66、图 2-1-67）。

③以面塑造。直接利用排线成面的方式表现体块的明暗、转折关系，塑造体积感。这样的表现方式深入而富有变化，但必须建立在透视原理基础之上，符合基本的透视规律（图 2-1-68、图 2-1-69）。

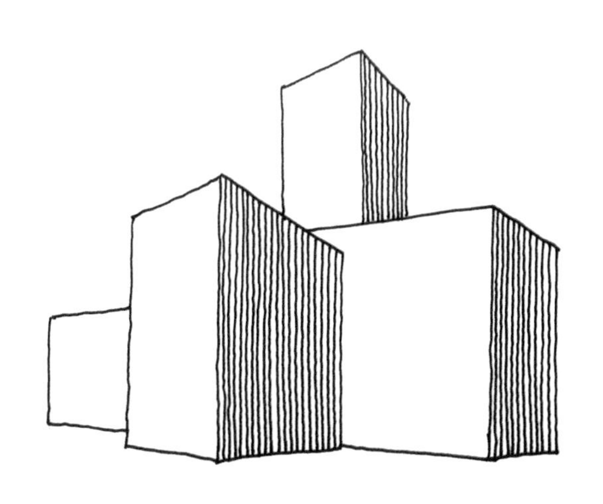

图 2-1-66　用线结合面塑造体块

图 2-1-67　耿庆雷

通过线、面结合的方式表现的建筑及空间

图 2-1-68 用面塑造体块

图 2-1-69 夏克梁

通过线条排列所组成的面来表现建筑的体块

（3）体块的组合方式

无论现实描绘对象自身形态如何丰富，物体和物体彼此之间的存在关系如何复杂，都可以归结为简单体块的若干种组合方式，经简化后力求使画面层次清晰，能够根据作者意图有的放矢，较好地表现画面物体组织关系（图 2-1-70）。

体块的组合方式有多种，其中比较常用的组合方式是重叠组合，这种体块组织方式能够容易且有效地区分物体的空间层次关系，是初学者易于掌握的方法（图 2-1-71、图 2-1-72）。

图 2-1-70　夏克梁　复杂建筑体块化

图 2-1-71　不同形态的体块重叠组合

图 2-1-72　庄宇

通过体块的重叠组合来表现建筑的前后关系

3.材质的表现方法

材质是展现物体个性特征的元素之一，它是指材料的一系列外部特征，包括色泽、肌理、表面工艺处理等。环境中的建筑及其他任何物体的表面都是由一定的材料构成的，无论是光滑还是粗糙，柔软还是坚硬，它们的存在及相互间的搭配组合都会让物体呈现出不同的视觉效果。构成各物体的材料的不同，使得物体彼此之间能有所区别，使场景丰富、富有变化（图 2-1-73、图 2-1-74）。

图 2-1-73　夏克梁

各种材质的表现

图 2-1-74　庄宇　建筑表面的材质特征

在单体表现练习中，对材料及质感的表现是画面塑造的重要环节。材料是物体的外表皮，因其不同表面的组织结构的差异性而使得其吸收和反射光线的能力也各不相同，因而会显现出不同的明暗色泽、线面纹理，这些不同在画面中需通过对质感的刻画加以体现。正确地表达出画面内各部分的材料及质感，是建筑速写的基本要求，也是使画面呈现真实感的重要途径（图 2-1-75）。

材质的表现关键在于对材料表面的光反射程度的描绘。各种材料表面对光线的反射能力强弱不一，需针对材料的特点来对质感加以表现。玻璃、金属或抛光的石材对光线的反射能力较强，会形成一定的镜面效果并容易产生高光，在刻画时需注意表现出较为明显的黑白反差和环境反射效果，用线方向宜一致；木材、外墙漆等材料对光线的反射较弱，刻画时略带光影反射表现即可，质地也可少量勾画；砖、毛面的石材和植物一类的材质对光线的反射能力很弱，表现中无须刻意强调反光和明暗反差，只需刻画基本的纹理样式，适当使用不规则的短线组合表达材料的粗糙感。准确了解不同材料在受光时表现出的不同特性，质感刻画的问题也就会迎刃而解（图 2-1-76、图 2-1-76 局部）。

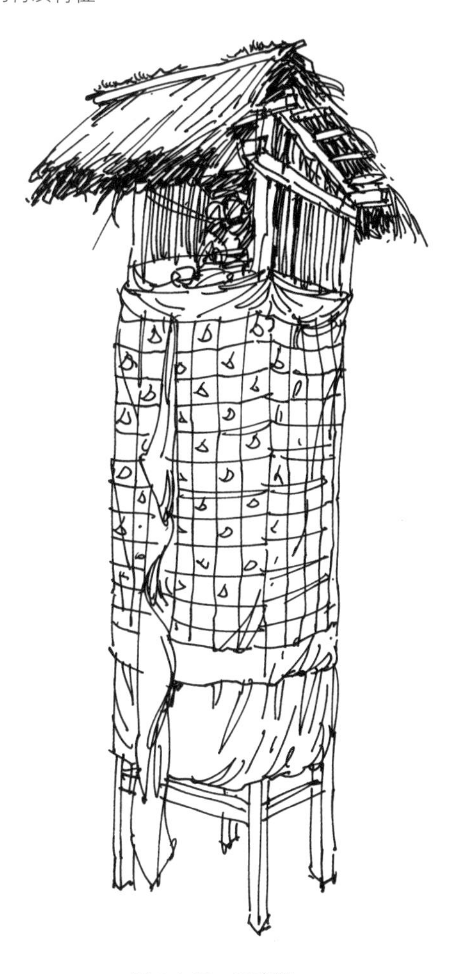

图 2-1-75　夏克梁

任何一个单独的物体都是由一种或多种材料所构成，描绘时应该要表现出不同材质的质感特征

图 2-1-76　李国胜

玻璃、金属具有反射的特征，表现时应不同于木材、外墙涂料等反射较弱的材料

图 2-1-76　局部

4.结构关系的刻画方法

在城市环境中，各种元素都有其不同的生成方式和构建规律，建筑有建筑的结构关系，植物有植物的结构关系，各种满足城市生活需要的环境设施，如座椅、垃圾箱、桥、候车亭、报刊亭等也有其各自的结构关系。对象的个性特征多是由其内在结构决定的，它是提高画面元素辨识度的重要因素。若把握不准物体结构关系，就难以准确呈现物体的形态特征，就会使画面失去客观性，甚至会影响画面的美观度。要塑造好物体的形态特征，除了需要对对象的基本特点做到全面观察和精准把握，并在绘画时着重突出外，更需准确理解物体的生成结构，表现其清晰合理的构成关系（图 2-1-77）。

图 2-1-77　李国胜
无论是建筑还是植物，各自都有不同的结构关系

对每件物体构成（生长）原理的理解是正确表现其结构体系的关键。在速写中，作画者应该先仔细地观察对象的构成方式或生长状态，在理解其基本关系的基础上，遵循其构成规律进行表现，对每件物体的形态结构进行合理的描绘，清楚地传达在纸面上，进而使场景的关系变得合理。尤其是最常见的建筑和植物的结构关系，必须牢记在心，合理刻画。初学者在练习中，常常会不理解结构关系而省略相关创作，或是凭自己的主观想象随意进行创造，这样会导致画面呈现出怪异感和反常性，也无助于初学者速写水平的提高和今后设计思想的培养，因此，对初学者来说要注意避免此类现象的发生（图 2-1-78、图 2-1-79）。

图 2-1-78　夏克梁
表现植物首先要了解植物的生长规律和结构关系

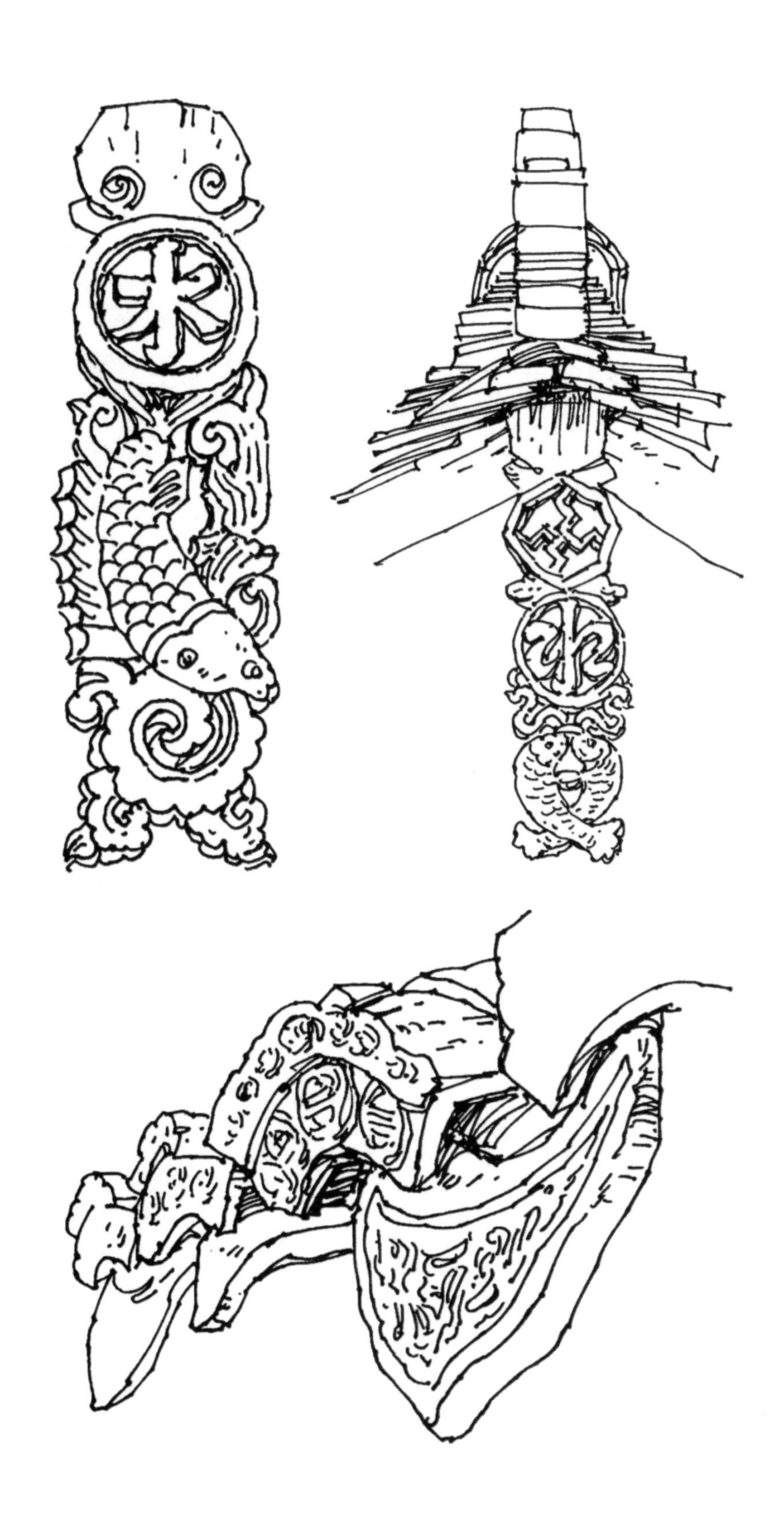

图 2-1-79　夏克梁

表现建筑的构件也要了解构件的结构关系

5.配景的表现方法

（1）植物

植物的表现主要分为乔木、灌木和花卉的表现。乔木的表现应从树冠的组团关系入手，将大树冠区分出上下、前后、左右的团块组合关系，对各组团的明暗交界线给以刻画，同时与整体的明暗关系协调统一。树干部分应遵照树木的生长规律，将主干和分支的连接方式描绘清楚。对于远景中的乔木，一般可做平面化的处理，但是要注意树木的轮廓变化。中景的乔木多离建筑较近，可适当加以细致描绘。前景的乔木一般接近于构图的边缘处，可做概括处理。灌木的表现主要是区分几块界面的关系，若处于前景可做生动的处理。花卉的表现原理同灌木（图 2-1-80、图 2-1-81、图 2-1-82）。

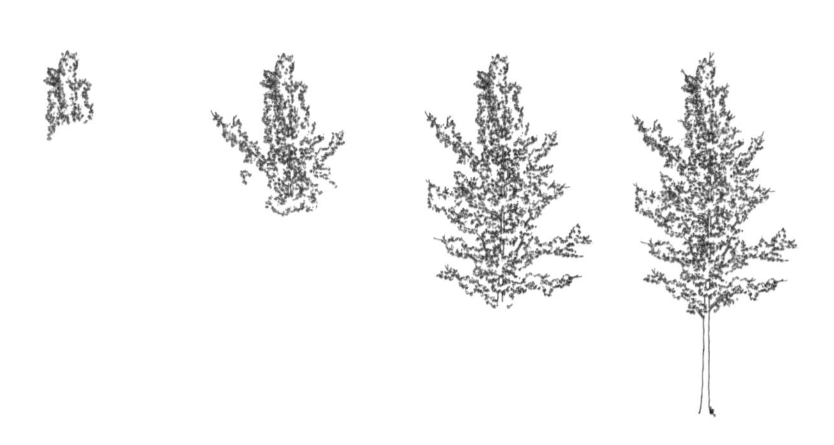

图 2-1-80 夏克梁 乔木的表现步骤

图 2-1-81 陈新生 植物的表现要注意它的形态和生长规律

图 2-1-82 夏克梁 灌木的表现要注意体块间的关系和表达

（2）道路

在表现地面铺装时，其一是要根据道路走向和透视关系，将铺装的远近渐变表达清楚。其二是需依照不同类型的铺装方式，将铺装的组合关系（碎拼、相嵌、排列等）表达清楚，以体现各铺装的特色。在一些道路表现中，常常出现平路面在画面中产生上翻感的问题，这是因为作画者没能准确把握道路的透视关系。初学者应通过仔细检查透视线、认真核对消失点的方法，使地面确保正确的透视关系（图 2-1-83）。

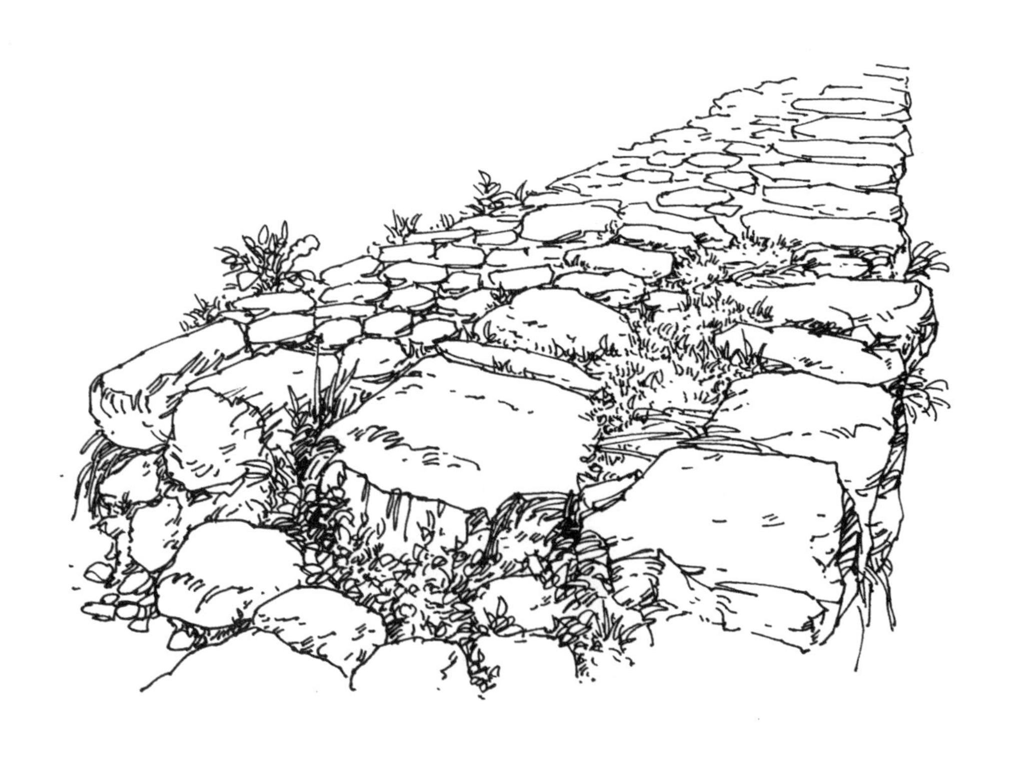

图 2-1-83 夏克梁 路面的表现最关键的是要把握好透视关系

（3）人物

速写中的人物表现，不仅能给画面带来生机，也能体现出人与自然环境和谐共存的美好意境。人物的安排应根据画面的构图需要进行组织，还要根据画面内容进行人物姿态的选择与确定，使其符合主题和环境。远景中的人物应做概括处理，中景中的人物要表现出动态，上装与下装要区分开，服饰特征可适当表现详细。人物的发型和脸部简单交代即可。根据不同的表现风格，人物的造型还可以适当夸张，以符合画面的整体需要。要特别注意画面中人物和环境间的比例关系，人物过大或过小都会使场景的尺度变得不真实（图 2-1-84）。

图 2-1-84　夏克梁
人物的表现要注意结构比例和动态特征

（4）交通工具

速写中的交通工具以汽车最为常见。汽车往往是以现代建筑为主体的风景表现中不可缺少的内容，它不但能够体现时代特征，也能为城市环境增添现代化气息。表现汽车首先需要了解汽车的造型和结构，其次还需要对其在环境中的比例和视角进行仔细推敲和合理表现（图 2-1-85）。

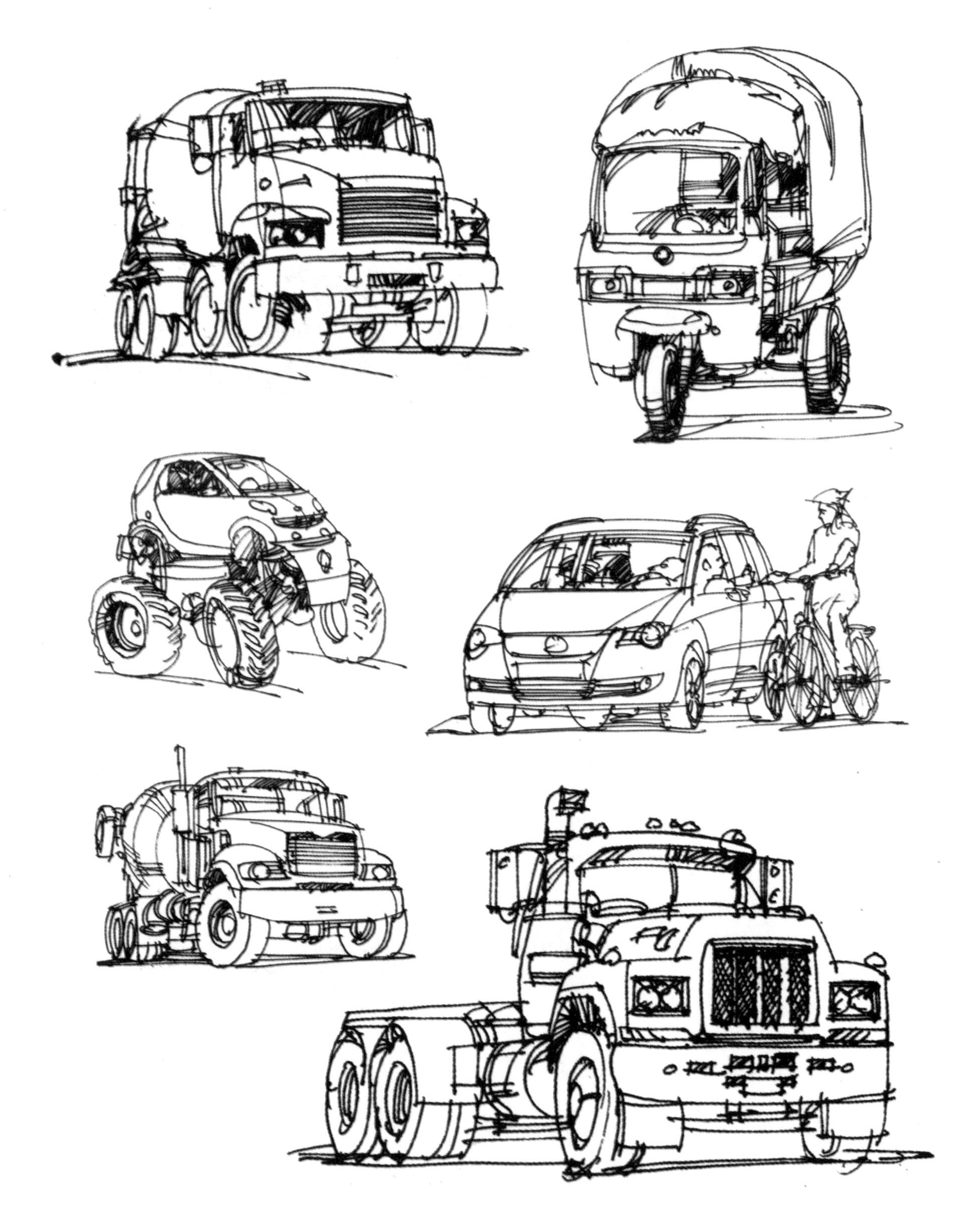

图 2-1-85　陈新生

交通工具的表现要注意造型、结构及线条的运用

（5）水景

水景是建筑风景速写中常出现的配景。由于水景的存在，整体场景的气氛变得活跃，各种建筑及环境的倒影浮现于水面，也使画面的层次变得更加丰富。在水景的表现中，要牢牢把握水的特性，既可以描绘建筑物等倒映在水中的形象，也可以表现微风拂过水面时水面所泛起的浅浅涟漪。若描绘倒影，需注意倒影的虚化处理，以区别于地面的建筑物等实体；若表现水波，则需注意波纹的疏密关系，靠近岸边的波纹较密，越接近中心区域，波纹越疏。在水景表现中，尤其需要注意对驳岸和水面的区分，应在两者的交界处适当加强对比关系，将岸和水区分清楚，避免混为一团（图 2-1-86）。

图 2-1-86　夏克梁
水景的表现要注意水的流动性及倒影的特点

四、实践和程序

以建筑、城市家具等主景元素为例，单体的一般表现步骤如下：

1.观察分析、勾勒形体

确定表现对象后，需从宏观到微观整体地观察分析物体。在准确理解建筑、城市家具类对象的形态特征和结构关系的基础上，以单线勾勒的方式将表现对象的外在样貌和空间结构的穿插关系表达清楚；透视要准确，每条线都要求严谨到位、落纸有力；要能顺应形态关系，合理使用曲直线和长短线，时刻控制好线条。在该阶段，初学者如无直接下笔的把握，可先打铅笔稿，待各种关系基本描画到位，再赋上钢笔线稿。

2.区分关系、强化块面

选择主要的块面交接处和结构转折点做重点刻画，可用点、线、面中任意一至两种，甚至三种相结合的方式突出其视觉主导地位，进一步拉开空间界面关系，使物体呈现较为明确而粗略的层次性，使块面的立体感得以增强，视觉重心进一步得到凸显。

3.塑造细部、取舍得宜

细部的塑造不能笼统地做平均化处理，应有选择地抓住重要部分进行刻画，如有特色的装饰构件、质地有趣的材料等，都可作为深化的重点内容。随着刻画的逐步深入，画面信息量不断加大，此时需要特别注重细微体块、空间感的表达，不能由于过度追求细节的完美而忽视整体关系。

4.整体平衡、浑然一体

初学者在进入细部塑造阶段时，可能会出现刻画深度不足或过于充分的问题，因此还需依据全局效果做整体平衡。不足之处可适当增添笔墨，过度深入之处则需适当增加其他关联部分的细节刻画，以确保画面观感的整体性（图 2-1-87—图 2-1-90）。

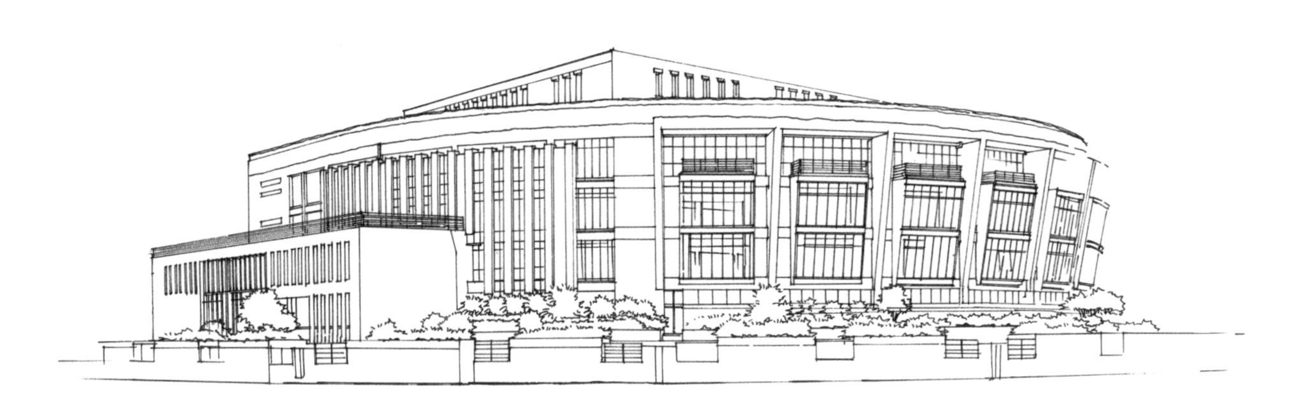

图 2-1-87　路瑶
表现建筑首先要勾勒建筑的基本形体

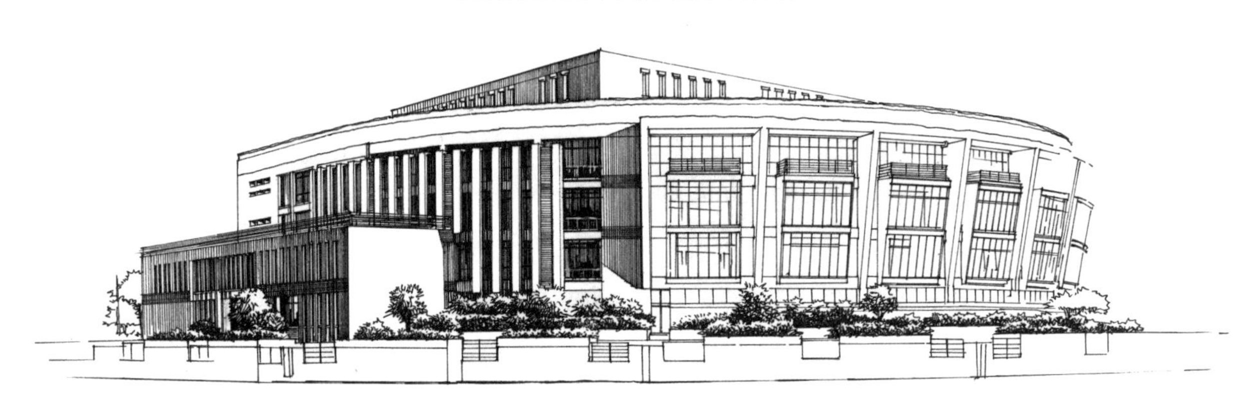

图 2-1-88　路瑶
其次是强化体块的基本关系

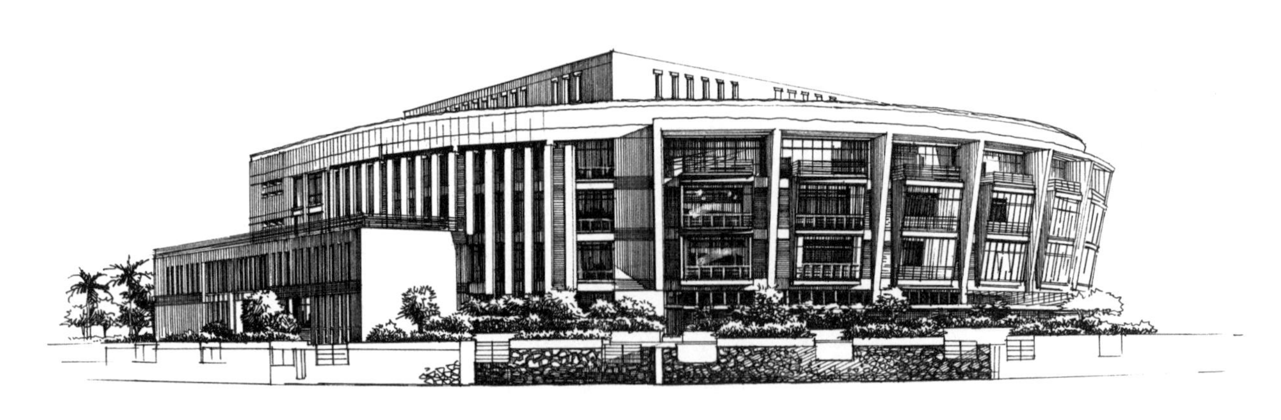

图 2-1-89　路瑶
再者是逐步塑造、刻画建筑的一些细节

图 2-1-90　路瑶
最后是调整整个画面，确保画面的完整性和整体感

在实践练习时，需特别注意以下方面：

建筑风格多种多样，有简洁的现代建筑、样式复杂的古典建筑、极具民族特点的地域建筑等，因此需要运用不同表现手法，如排线法、点画法、明暗法、组合线条法、线描法等恰如其分地表现对象，需要注意突出建筑主体多层次的体量关系以及优美的天际线。建筑作为画面主体，通常采用严谨、常规的表现方法，但有时也可以适当地增加表现线条的趣味性，以提升画面的灵动之感（图 2-1-91）。

建筑速写中常见的小品设施有指示牌、路灯、垃圾箱、休息椅、花坛、亭子等，材质也丰富多样，有木材、金属、玻璃、石材等。单体造型的形式美感和比例协调是重点，还可根据建筑的不同风格，如现代风格、田园风格、古典风格等，选择合适的技法表现（图 2-1-92）。

图 2-1-91　李国胜
无论采用哪种手法，建筑作为主体应安排在适当的位置并加以重点刻画

图 2-1-92　夏克梁　常见的小品设施

五、相关信息和网站链接

1.相关微信公众号

（1）“观内外”：观内外（图 2-1-93）是广州“观内外”手绘教育机构的微信公众号，会定期推送手绘及建筑速写的相关内容，其中的很多内容值得参考和学习。

（2）“绘聚文化艺术研究院”：绘聚文化艺术研究院（图 2-1-94）是郑州绘聚手绘教育机构的公众号，也会定期推送手绘及建筑速写的相关内容，很多内容具有一定的参考价值，值得关注。

图 2-1-93
“观内外”
公众号二维码

图 2-1-94
“绘聚文化艺术
研究院”公众号
二维码

2.相关人物

（1）陈新生：合肥工业大学教授，出版过《配景与细部》等十多本与建筑速写相关的书籍，作品受到大量建筑、景观专业师生的关注（图 2-1-95、图 2-1-96）。

图 2-1-95　陈新生　表现的单体及景观元素

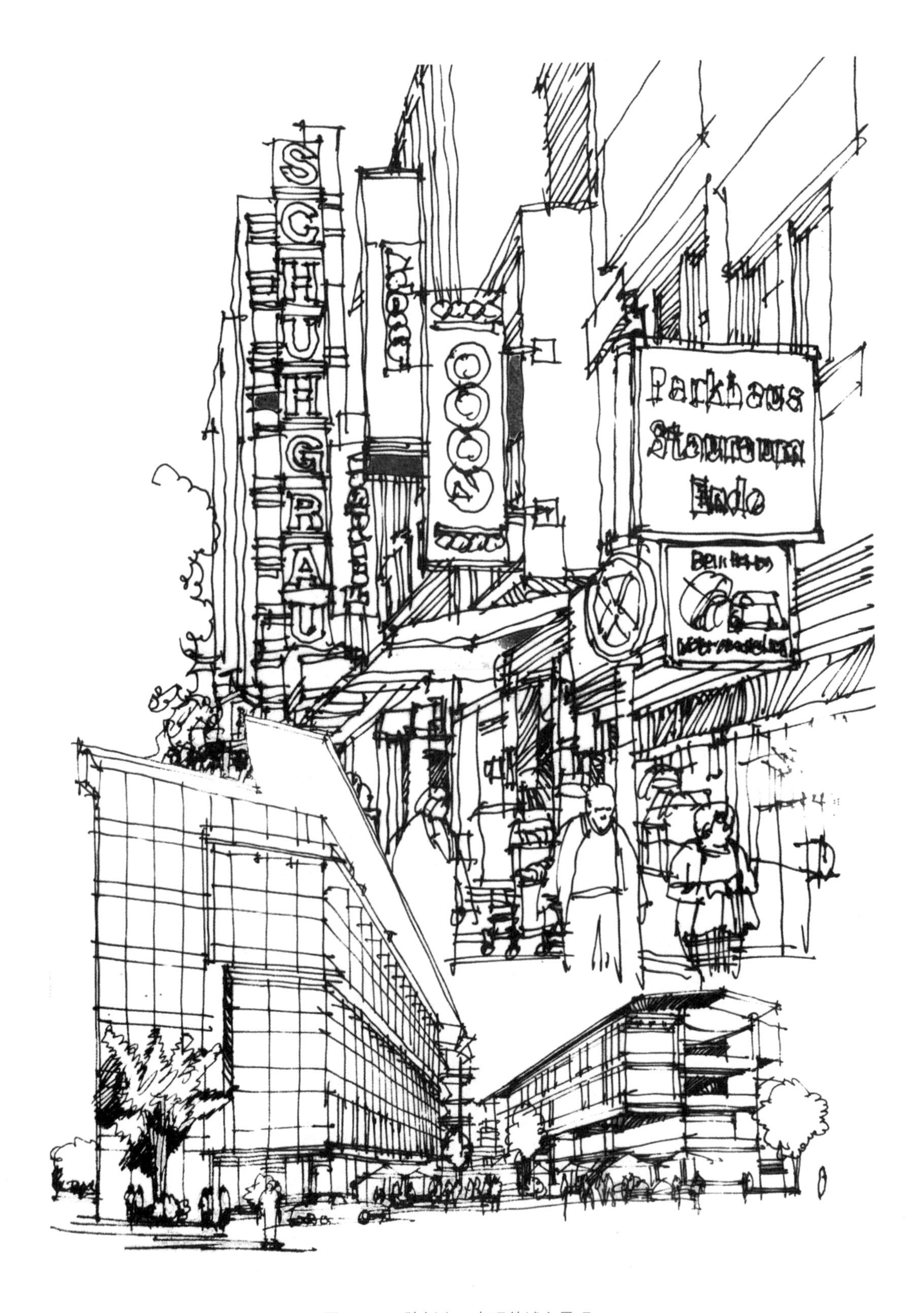

图 2-1-96　陈新生　表现的城市景观

（2）夏克梁：中国美术学院副教授，出版过《夏克梁手绘景观元素》系列丛书等十多本与建筑速写相关的书籍，作品兼具实用性和艺术性，关注度较高（图 2-1-97、图 2-1-98）。

图 2-1-97　夏克梁表现的石头元素

图 2-1-98　夏克梁表现的场景小品

3.相关机构

新钢笔画联盟，国内最早的钢笔画社团，社团中聚集了全国数百名钢笔画爱好者，其中有不少优秀作者的作品值得关注。

4.相关图书

（1）《配景与细部》，夏克梁著，2009 年 3 月出版，机械工业出版社。

（2）《夏克梁手绘景观元素——植物篇》(上、下)，夏克梁著，2014 年 1 月出版，东南大学出版社。

（3）《夏克梁手绘景观元素——置石篇》，夏克梁著，2017 年 5 月出版，东南大学出版社。

这三本书源自于作者的教学和研究，在这三本书中，作者对景观手绘、建筑速写元素进行了系统的讲解和训练指导，使读者通过单体练习认识速写的基本原理，掌握塑造单体的基本方法，了解处理空间层次的普遍规律。这三本书对建筑速写初级阶段的学习者具有一定的参考价值（图 2-1-99、图 2-1-100）。

图 2-1-99 《配景与细部》封面

图 2-1-100 《手绘景观元素》系列丛书

第二节 项目训练二——临摹速写练习

一、课程概况

1.课程内容

选择以建筑为主景的优秀实例图片作为临摹练习的蓝本。通过对图片的临摹，学生在描摹对象、塑造空间的同时，提高主观处理、把握画面关系的能力。通过讲解钢笔建筑画的艺术处理手法，学生在掌握画面基本元素的基础之上，能够传达对画面的黑白、虚实、主次、空间、肌理等诸多要素的独特理解、感受与表达（图 2-2-1）。

2.训练目的

培养学生对画面的综合处理能力，学会概括、对比、夸张等基本手法，培养学生树立较好的画面审美观念，提升快速塑造扎实画面的能力（图 2-2-2）。

图 2-2-1　以建筑为主景的实景照片

图 2-2-2　路瑶　培养学生的表现和审美能力

3.重点和难点

（1）重点

①由大及小——作图步骤从大轮廓入手逐步深入，根据画面的整体关系决定细节深入的程度（图2-2-3）。

②主观处理——遵循画面整体原则，强化画面的精彩效果（图2-2-4）。

③深入刻画——多手段、多层次地表现对象，画面统一而富有变化，注重线条的流畅与节奏（图2-2-5）。

图 2-2-3 路瑶 作图步骤可从大轮廓着手

图 2-2-4 路瑶 处理过程中要有主观意识

图 2-2-5 路瑶 画面的刻画要深入完整

（2）难点

①理解物体间的关系。一些初学者不理解图片中所展现的空间结构关系，不熟悉风格样式相关的建筑专业知识，只是简单地“依葫芦画瓢”，结果导致画面中物体与物体之间的关系混淆粘连，交代不清，产生“碎”“花”“散”等弊病。因此要长期关注和积累相关设计知识，这样才能做到在理解的基础上再现场景（图 2-2-6）。

图 2-2-6　黄露

表现建筑必须要交代清楚建筑的结构关系

②控制画面整体效果。建筑速写是以艺术的手法再现空间，需要作者主观归纳，不能顾此失彼。如果画面整体观念不强，局部刻画过度，就应当在练习过程中下意识地培养画面的综合控制能力（图 2-2-7）。

图 2-2-7　潘玉琨

表现建筑还需控制画面的主次关系和整体效果

4.作业及其要求

（1）作业要求：选择观赏性较高的建筑风景图片为底图，以画面内容为原型描摹，进行基本的建筑体块关系梳理与场景塑造练习，做到由分析画面入手，主观处理画面，虚实相宜、疏密得当。要求画面具备丰富的空间层次，尝试表现若干肌理，以较为快速的处理方式营造生动明快而合理的画面效果（图 2-2-8）。

（2）作业数量：A3 幅面 5 张。

（3）建议课时：16 课时。

图 2-2-8　结构清晰、明暗明确的现代建筑

二、设计案例

1.教师示范作品

李国胜现代建筑系列作品：李国胜为河南绘聚文化公司的创始人之一，是一位执着、有才华的年轻作者，长期身处手绘教学一线，具有丰富的教学与实践经验，其作品深受年轻学子的喜爱，是建筑、环艺设计专业学习建筑画的最好范本之一。

对于建筑、环艺专业的学生来讲，在学习建筑速写的过程中描摹照片是不可缺少的一个环节，图片可以让学生有更多的时间去分析和思考，也可以让学生更容易把握建筑透视和比例以及更深入地刻画。李国胜的这一系列作品画面透视准确、构图得当，注重表达建筑的结构和细节，通过线条的排列、交织来表现场景的明暗和空间关系，作品刻画深入、完整，是学习建筑速写在描摹图片这一阶段的优秀示范作品（图 2-2-9—图 2-2-12）。

图 2-2-9　李国胜　画面刻画得非常深入，整体感极强

图 2-2-10　李国胜　局部多处采用对比手法，拉开了场景的空间关系

图 2-2-11 李国胜 建筑和配景植物形成多重对比，突显了建筑

图 2-2-12 李国胜 画面边缘采用留白的方法是建筑速写最常见的处理手法，但需做到正负形的和谐统一

2.具有代表性的学生作业

周锦绣和唐文静都是较为优秀的学生，其作品注重建筑结构及体积感的塑造，画面刻画深入，注重细节的表达又不失整体感。周锦绣的作品通过线条的灵活排列和线面的合理组织，将场景中每个对象的材质肌理充分展示出来，细腻地刻画出层次的微小变化。画面中丰富的信息量使得她的作品常常呈现较为饱满的情绪和较重的分量感。唐文静用笔干净利索，对体块关系的精准刻画使画面呈现概括而清晰的层次感，对物体质感的点缀式塑造为严谨理性的场景关系增添了一份生气，也使得画面从容大气而不失生动细腻（图 2-2-13—图 2-2-16）。

图 2-2-13　周锦绣　画面刻画深入，注重细节的表达

图 2-2-14　周锦绣

结构表达得非常严谨，通过线条的排列、交织形成明暗层次，表现出画面的空间关系

图 2-2-15　唐文静

建筑结构严谨，画面主次关系明确，运用对比等处理手法，使画面具有一定的艺术性

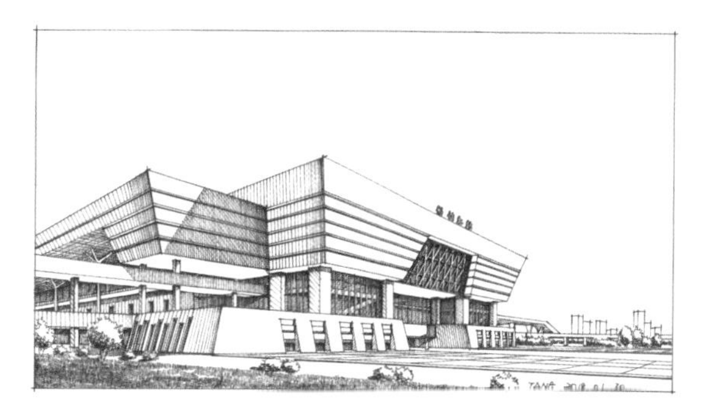

图 2-2-16　唐文静

以较少的明暗清晰地表达建筑的形体及空间关系

三、技术要点

1.主次关系的塑造

艺术品作为一个审美整体，它的各个组成部分的地位绝不是相互等同、平分秋色的，而是存在着主与宾相关相依、互为协调的美学关系。元代《画论》说道："画有宾主，不可使宾胜于主。"正如音乐有主旋律，戏剧有主角一样，绘画构图也有中心或主体。在建筑速写临摹练习中，涉及的表现对象较多，我们常常需要根据画面内容及各部分所占的面积比例来判断主次关系。一般而言体量比较大、所处位置较为中心的建筑物都会被视作画面的重点来处理，其他配景部分则做相对次要的部分刻画，要做到主景突出，客景烘托，避免不分主次的平铺直叙，以使画面焦点突出，视觉凝聚力更强（图 2-2-17）。

图 2-2-17　夏克梁

主体刻画深入，配景简单概括，形成强烈的视觉反差，使画面焦点突出、主次分明

（1）线条的处理

对主、次物体采用不同的线条做表现处理是区分主次关系的方法之一。用于描绘主体物的线条需做到稳，有较为清晰的起、顿节奏，每根线都要“收得住”，收中有放，严谨而不失张力，能够扎实呈现物体的轮廓和结构。次要物体的线条相比主体物可适当松弛，可适度增加灵活性，用线速度可适当加快，但要做到松而不散，达到简练明了的表现效果。两种用线方式传达的视觉感受不同，主次效果便能从画面中自然生成（图 2-2-18）。

图 2-2-18　夏克梁

表现各物体的线条和处理略有不同，在画面中便自然拉开主次关系

（2）繁与简的合理安排

塑造画面中物体时繁简程度的不同，也是区分画面主次关系较为常用的一种处理方法。主体物需要刻画的内容较多，在细节的表现上应做到繁而不乱，要抓住视线较为集中的区域重点描绘，对特征鲜明的形体表现更要笔笔到位，可有选择地在部分关键转折处配上明暗对比，以强化力度；主体物的周边部分可适当减少笔墨，但仍要对细部形态给予一定程度的展现，通过合理搭配使总体展现出丰厚、细腻的效果。次要物体的形体关系也需勾画到位，但在细节上无须面面俱到，以略微简化的形式点明即可。这种繁与简的对比强调的是相对性，简也是相对于繁而言，所以也应控制好两者的程度，避免在画面关系上形成脱节（图 2-2-19）。

图 2-2-19　庄宇

在主、次关系的处理中，对主要物体进行深入细致的刻画、次要物体作概括简单的处理和安排是最常见的一种表现手法

2.空间层次的塑造

空间层次的塑造是一种处理画面关系的能力训练。它既要考虑单个物体间的空间关系表达，也要顾及画面整体空间层级的安排，是衔接独立个体塑造与画面整体关系处理这两个阶段不可或缺的环节。从局部的前后空间区分到全局空间节奏的形成，都需要借助合理的表现技巧来实现。层次问题解决了，画面才能达到深厚。初学时宁可过之勿不及，尽可能多画，然后再添加层次（图 2-2-20）。

图 2-2-20　耿庆雷

具有较强空间层次感的画面

（1）物体间的相互衬托

处理物体和物体之间的关系实质上就是利用物体彼此之间的黑白、疏密反差相互衬托，体现出物体间的空间层次关系，要注意在交界线处做文章，要略加强调地进行区分。但要注意的是，不能简单地将这种手法理解为黑白的机械式拼贴，在实际应用中应当合理运用技巧，有意识地强调空间关系，使前后关系的区分显得自然而不生硬，从而巧妙有效地突出画面中心。在常规表现时，以“前白后黑、以黑衬白”为一般原则，依靠线条的排列处理形成重色块，在物体交叠的轮廓线边缘勾勒出前后关系。黑色块不可沿边缘线平均布置，要注意物体的形体起伏，局部要压深，勾出清晰的边沿，再沿形体的转折趋势逐步减少、疏松笔触，让色块密实度减弱，并逐步淡化处理边缘线，以形成符合客观规律的变化，从而使衬托物与被衬物之间的关系衔接流畅得体。在处理远近物体时要服从对象和画面本身的需要，科学规律要服从艺术规律，使科学原理有效地为艺术表现服务，不要因恪守科学规律而减损画面的艺术性（图 2-2-21、图 2-2-22、图 2-2-22 局部）。

图 2-2-22　耿庆雷

空间处理首先要考虑大关系的对比关系，其次要注意物体间及细节的相互衬托关系

图 2-2-21　夏克梁

物体与物体之间的关系依靠明暗的对比相互衬托

图 2-2-22　局部

（2）空间的节奏营造

画面要形成丰富的空间层次，展示出层层交叠的景深效果，就需要有意识地控制好节奏。节奏的营造

除了让画面效果变得更为细腻之外，最主要的任务还是要将场景的宽度和纵深度、各部分的尺度关系及位置关系表达清楚。就整体的空间关系而言，确定空间的宽度和纵深度是界定场景范围的重要步骤，需在落笔之初便加以考虑和确定，也可结合作画者的主观意图来进行适度扩大或缩小，以符合画面所追求的气氛和意境。其次，对组成画面的各部分内容的位置关系需加以确定和区别，如物体的左右关系、前后关系、遮挡与显露的关系等，每一层关系都要理清。在此基础上，通过合理安排画面的黑白轻重对比，将每件物体的空间关系落到准确的位置（图 2-2-23）。

图 2-2-23　耿庆雷

具有节奏感的画面往往更具空间层次感

就常规而言，中心区域对比强，边缘区域对比弱；前景部分对比强，远景部分对比弱。在空间层级较多时，强和弱还分别需加以细分，区分出不同程度的强和不同轻重的弱，让空间节奏变得更加饱满，层次不断细化。在强、弱的对比上，需要按照一定的逻辑关系来安排，形成有序的渐变。除了空间位置外，对主次关系也应做综合考虑，在轻重层次处理中一并给予表达。用作配景的植物等元素，在处理上要介于具体和模糊之间，只突出其中的几项元素，就会显得既生动又回味无穷。在表现手法方面，物体间的空间关系应该融合于画面某种统一的表现风格之中，但也要充分利用丰富、细腻的线条拉开物体间的空间关系，做到“虚”而不空洞，“实”却不呆板，将画面内空间的立体感和节奏感有效地营造出来，体现出逐步退远的感觉，使空间变得浑厚的同时，又不失条理性和秩序感（图 2-2-24）。

图 2-2-24　林婕妤

在画面处理中只要存在线条的疏密对比，也就自然形成空间的节奏感

3.整体感的营造

整体感是所有绘画形式共通的灵魂，是画面的第一要务，是画面中各个部分视觉关系的总和，是由每个细节共同构建起的统一、协调的全局效果。营造整体感要求作者在作画时必须控制好局部与整体的关系，局部要服从整体，不能脱离画面关系孤立存在（图 2-2-25）。

（1）表现手法的统一

表现手法的一致性是整体感最直接的体现。无论是纯勾线式还是勾线结合明暗式，画面自始至终要在统一的基调控制下形成完整的观感。这要求绘画者在一开始就要确定好表现风格和表现手法，在刻画每件物体时要做到笔法贯穿始终。不同物体尽管在塑造的程度上会有所不同，但线条（明暗）的技法使用需基本相同，要以一定的规律出现在画面的各个部分，不宜形成较为明显的反差，以致造成各个局部的脱节，从而影响整体感的营造（图 2-2-26）。

图 2-2-25　潘玉琨

画面中的任何一个物体都是不可或缺的一部分，不能脱离画面关系而孤立存在

图 2-2-26　潘玉琨

表现手法的统一是形成整体感的重要原因之一

（2）画面各项关系的综合控制

合理控制好每一个部分的关系，让每一个局部能整合成一个完整的系统，形成一种凝聚感，而非各自游离在外，这是构建整体性的基本原则。为了把握整体，绘画时眼睛要做全局性扫视，从视觉的中心关注到边边角角，要时刻去协调各项关系，决不能死盯一处，单一化用力。随着刻画的逐步深入，各项关系也在不断变化，因此要随时做出相应的调整，要整体地画，整体地加，确保所有的细部层次同步推进（图 2-2-27）。

4.艺术处理手法的运用

画面的艺术处理手法又被称为“意匠”。杜甫讲的“意匠惨淡经营中”，齐白石的一方图章“老齐手段”，谈的都是对作品的艺术处理。速写不同于摄影，主观的能动处理对画面效果有着至关重要的影响。一幅匠心独运的作品能将对象的鲜活生命力展现出来，可以引导观者的思想在很短时间内进入画面，并以强烈而独特的氛围感染他们的情绪。此外，绘画者的情感也能借助艺术手法流露出来，被观者接收并与之产生共鸣（图 2-2-28）。

图 2-2-27　潘玉琨

整体是由每一个局部和细节所构成，处理并控制好局部是构建整体性的基本原则

图 2-2-28　王骏　经过艺术处理的画面总是更能够打动人

（1）概括

在速写中，我们常常遇到结构、纹理较为复杂的对象，比如枝叶繁茂的大树或是叶片、花朵数量繁多的地被灌木，反射到建筑外墙玻璃上的自然景色或是阳光下复杂的光影变化。这些内容都无法在较短时间内表现得面面俱到。同时，为防止因控制能力不足而使画面变得“花、碎、平”，对它们也不宜做过于精细化的勾勒。因此，以概括的艺术处理手法去塑造此类内容就显得尤为必要。绘画者要通过理解物体的生长关系，以整体性为原则，透过繁杂的表象对物体特征进行提炼，抓住最能反映其本质关系的部分着重刻画，以简明扼要的手法展示丰富的图像信息。在此过程中，应注意笔触的合理运用，在表达形体关系的同时也表现出不同的质地特点，营造出一定的氛围（图 2-2-29）。

图 2-2-29　王骏

亭子背后茂密的树叶采用概括的处理手法使其显得更加有整体性并富有空间层次感

（2）对比

对比在画面中常常表现为变化和反差，它不仅能清晰地呈现画面的秩序感和层次感，而且能够提升画面的视觉冲击力，使场景富有感染力。反之，如果缺乏必要的对比，画面就会显得既不客观，也不立体，会显得毫无生气。建筑速写中的对比，既有整体的对比，也有局部的对比，画面中常见的对比主要包括线条的对比、块面的对比和色彩的对比（图 2-2-30）。

图 2-2-30　王骏

画面中所有对比关系都是建立在线条组织的疏和密关系的基础之上

线条的对比关系主要表现为虚实对比、粗细对比、动静对比、繁简对比和疏密对比等。虚实对比主要用于处理画面中景物的空间关系和主次关系。粗细对比主要表现为画面中各种不同宽度线型的构成关系。一般主体物的轮廓需以较粗的线型来描绘，配景则可以较细的线条来表现。动静对比是因落笔速度的快慢不同而形成，可以使画面显得松紧得宜、张弛有度。繁简对比使画面的视觉中心突出，避免了平均感和散乱感。疏密对比是通过画面中线条组合的疏密关系拉开空间层次，突出画面的条理性（图 2-2-31）。

图 2-2-31　王骏　对比使画面的视觉中心更突出

块面的对比主要表现为黑白对比。黑白对比其一是表现为光影作用下的明暗关系，它是对自然光照效果的客观反映，使物体的界面关系能够清晰地区分，让景物更具真实感。在速写中，应注意近处景物的明暗对比比较强烈，需拉大受光面和背光面的反差；远处景物的明暗对比较弱，亮面与暗面关系可处理得较为接近。黑白对比其二是深浅层次对比，它是将不同深浅的色块在画面中进行合理分布，形成黑、白、灰三个基本层级，通过黑白之间的相互衬托，使视觉在统一而又充满对比的色块关系中获得秩序感和条理性，从而能使画面产生均衡感和分量感，不会显得轻飘单薄、苍白无力。在速写的实际运用中，初学者可将近景处理为浅色块，形成画面中的“白”；中景的内容丰富，形成画面中层次最为丰富的“灰”；远景概括为“黑”色块，以突出前景部分。在局部块面的处理中，可将面积较大的处理为白色块，面积较小的处理为黑色块，从而形成明快简洁的对比效果（图 2-2-32）。

图 2-2-32　耿庆雷
块面对比强化了画面中的光影关系

（3）夸张

夸张是真实、鲜明、有力地表现对象的手段，是深刻认识对象的结果，也是人情感的强烈表现。夸张要根据对象和要求适度地运用。不同的建筑有其不同的个性，要根据对象特点和本质适当夸张，这样才能赋予对象鲜明的个性特色。夸张时必须牢牢把握画面的重点，其特点必须加以夸张，否则会使画面显得平淡。为此，速写中可去掉不必要的部分，把重点部分强调出来，刻意突出某些景物的视觉形态，竭力描绘自己最感兴趣的、最主要的东西，下大笔墨表现最能突显效果的部分，避免面面俱到、应有尽有。这样不但能有效地克服画面中的平均感，使场景关系变得更为丰富，从视觉上增加层级感，也能使各形体、块面之间变得更为紧凑，提升视觉张力，使作品呈现出戏剧化的效果，达到引人入胜、打动人心的效果（图 2-2-33）。

图 2-2-33　邓攀
采用夸张的手法，也强化了城市的特征，加强了观者的视觉印象

5.透视关系的准确塑造

空间关系的合理性离不开透视的正确表达，它是营造画面真实感的必要条件和重要基础，是正确地反映各景物在空间场景中的关系的重要手段。如果在速写中不能将透视关系表达准确，那么即使画面中充满着精致的线条、精彩的细节，也无法给人以舒适的视觉感受。不管作画者拥有何种高超的表现技艺，失去了现实感和合理性，画面也都会变得毫无意义。正确合理的透视关系是一幅优秀的速写所必须具备的条件。在建筑速写中，必须掌握透视学的基本原理和表达方法，提高判断空间感和透视感正确与否的能力，并能够合理地运用到画面表现中（图 2-2-34）。

图 2-2-34　潘玉琨
透视是辅助表现空间关系的最有效方法

（1）透视的分类

在城市环境中，建筑与周边环境的关系复杂多样，同时由于受到作画者的观看视点、角度的影响，透视关系的表达也会呈现出多种可能性。建筑速写中常见的透视表现类型主要为一点透视、两点透视、仰角透视和鸟瞰透视。

一点透视要求作画者的视线与所画建筑的立面呈 90° 的夹角关系。所画建筑风景的三组透视线分别为与画幅横边相平行的一组线、与画幅竖边相平行的一组线和经过透视后集中于画幅中的某一点的一组线。例如强调纵深感的建筑街景的速写表现图，常常使用的就是一点透视原理。两点透视要求作画者的视线与所画建筑的立面呈小于 90° 的夹角关系，所画建筑风景的三组透视线分别为与画幅竖边相平行的一组线、经过透视后集中于画幅左侧外视平线上某一点的一组线和经过透视后集中于画幅右侧外视平线上某一点的一组线。两点透视在建筑速写中应用较多，为了强化建筑的三维空间和形象特点，作画者常常选择可以表现建筑物两个立面效果的角度来作画。仰角透视的运用要求作画者的视线与所画建筑的距离较近，同时建筑物较为高大，由此易使视线与建筑场景间产生仰视的角度关系。在一点透视和两点透视的基础上，建筑物的竖向轮廓延长线集中于画幅上方外的某一点，于是产生了第三个方向的透视。在实际速写中，只有在主体建筑物特别高大雄伟、视距又较近的情况下才会运用到该透视方式。鸟瞰透视的运用要求作画者的视线高于所画的建筑场景，人的视线处于俯瞰的状态。一般是作画者站在地势较高的位置，描绘地势较低处的场景，它所包含的范围较大，常适用于表现较为庞大的建筑风景面貌（图 2-2-35、图 2-2-36、图 2-2-37）。

图 2-2-35　路瑶

一点透视多用于室内，室外相对用得较少，这是运用相对较好的一张

图 2-2-36　潘玉琨

两点透视是建筑速写中运用最多的一种透视，能使建筑表现得更加立体

图 2-2-37　潘玉琨

鸟瞰透视常运用于表现城市的全貌

（2）常规把握方法

建筑速写相较一般的精细式绘画，在时间利用上更为紧凑，而在实地练习中，由于受光线、天气变化等条件的限制，更不可能让作画者有充裕的时间，利用透视学的方法科学地求出透视关系，也不可能做到所画的每一条线都能严格地符合透视的规律。为适应这一情况，我们常采用一些简洁实用的方法来快速把握透视关系，主要遵循两项原则，一是要遵循近大远小的成像规律，二是要遵循不平行画面的横向线延长集中于消失点的原则。以这两个原则为参照，我们就能够基本保持正确的透视关系，并能够根据实际场景把握视点的位置及透视感的强弱。对于建筑速写而言，只要做到主体建筑物在大体轮廓和比例关系上的透视基本符合透视作图的原理，使人产生视觉的舒适感即可。至于细节部分的刻画，多数是靠经验来加以判断和拿捏的。因此，在建筑速写中，运用透视经验和视觉感受来控制画面的透视关系是非常重要的。对于初学者而言，培养从视觉层面快速把握透视的能力，积累透视表现的经验是很有必要的（图 2-2-38）。

图 2-2-38　蔡亮

在掌握透视原理的基础之上，再通过大量的实践，才能在日常的速写中把握透视的大关系

四、实践和程序

1.临摹对象的合理选择

一幅好的建筑风景照片不但能给初学者构图方面的示范与启迪，也能提供清晰的画面关系（空间、形体、光影关系等），以方便其观察和把握。它在无形中为初学者提供了帮助，成为可供分析研究的典型案例。因此，选择临摹照片必须仔细谨慎，并需要遵循一定的标准选出合适的对象（图 2-2-39）。

图 2-2-39　寻找结构清晰、透视感强的图片作为参考的依据

图 2-2-41　李国胜

在根据图片客观描摹的基础上可适当增加或改变其中的部分内容，使表现的画面更加完美

（1）选图标准

在练习初始阶段，所选图片中的内容不宜过于复杂，数量不宜多。主体建筑应确保占有较为主要的视觉面积，建筑形态简练，体块感强，能呈现较为稳定美观的视觉效果。配景宜简洁，能搭配出基本的近、中、远三层空间关系即可，植物也应以常规种类为主。要选择均衡而有变化的构图，整体稳重而不呆板，天、地位置都有适当的空间余留。此外，图片的层次关系必须清晰，受光面需占较大比例，各物体的空间位置清楚可辨，避免选择阴影面积过大、物体形态含糊的对象（图 2-2-40、图 2-2-41）。

图 2-2-40　寻找以主体建筑为主、结构清晰的图片为参考依据

在速写水平达到一定程度后，所选图片的复杂度可有所提高。主体建筑可选择个性特征突出、形态结构穿插繁复的类型，配景植物的特色感也可同步加强，天空和地面也可加入丰富的内容，以形成相辅相成的效果。构图与层次方面的要求不变。

（2）表现范围

在练习时，选好的图片中的内容不一定都需要完整无缺地入画。每个人可根据自身技法的掌握程度选择相应的表现范围。在不影响基本构图关系的原则下可对临摹图片做适当裁剪，保留主要景物间的基本关系，减弱配景的干扰，从而降低表现难度，使画面更易控制（图 2-2-42、图 2-2-43）。

图 2-2-42　鸟瞰民居建筑的实景照片

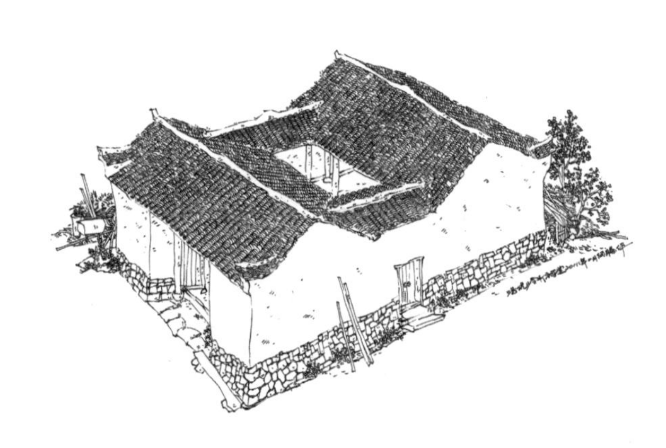

图 2-2-43　李国胜
根据照片，选择的仅仅是其中的一座建筑

2.各景物间关系的分析

选出了合适的图片，在动笔勾画之前，需要对即将表现的对象做一次较为全面的分析，从宏观到微观梳理各项关系，使绘画者对预计的效果形成清晰的概念和完整成熟的判断，在正式落笔时能胸有成竹，提高一步到位率，避免后期反复修改。

（1）主次关系

画面的主次关系必须明确，这样在表现时才能有所侧重。要在较短的时间内合理地分配精力，牢牢抓住画面的核心，将画面的精彩部分强调出来（图 2-2-44）。

图 2-2-44　潘玉琨
近处的主体建筑深入刻画，远处的次要建筑简单概括，画面的主次关系明确

（2）空间关系

每个景物在空间中的相对位置必须分辨清楚，哪些平行而立，哪些前后交错，在分析时不能有任何含糊。即使有些空间层次极为微小，也要有所辨析。当所有物体的空间秩序在绘画者的头脑中形成系统后，内容再多，交叠关系再复杂也能一一理清，进而在清晰的空间脉络中构建细腻丰富的层次（图 2-2-45）。

图 2-2-45　庄宇
景物在空间中的位置安排得当，再根据透视原理及明暗规律便很容易表现出建筑和场景的空间关系

3.画面塑造的基本顺序

在选图与分析完成后，便正式进入速写实践阶段。这一阶段要求速度和质量兼顾，下笔既要快，也要准，要有目的性地画出每一条线，让每根线条包含一定的信息量，有针对性地解决问题。画面的各项关系要迅速到位，细部塑造和整体关系控制要递进式开展。要达到这一目标，除了必要的练习强度外，掌握科学的表现步骤也尤为必要（图 2-2-46）。

图 2-2-46　潘玉琨
学习建筑速写，除了多练还要注意方法与步骤

（1）整体把握

初学者在把握组合场景时常会存在难以一步到位的问题，再加上常用的速写工具如钢笔、一次性针管笔等在落笔后都不易修改，这些都要求作者具备熟练的画面掌控能力，因此在练习之初，为提高线条的准确性，可用铅笔先简洁、快速地勾出各景物的基本轮廓和位置，确定基本无误后再用钢笔赋以正稿。在铅笔简稿阶段，就应将前期分析、梳理好的景物关系大体反映出来，正稿的描绘在遵循上述关系基础上再做进一步细化，将形体、空间等一一落实于纸面，使之更具体、更准确、更生动（图 2-2-47）。

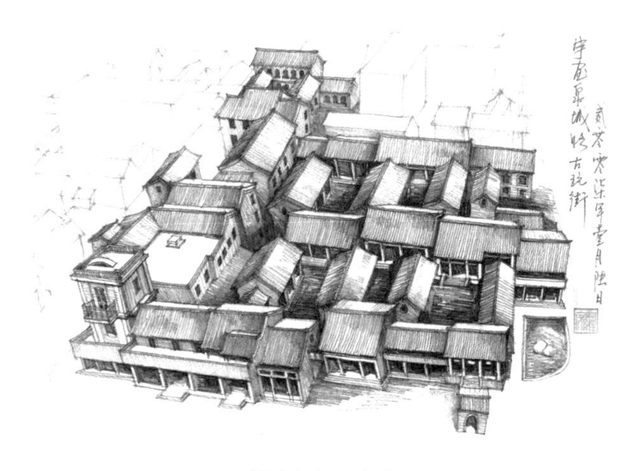

图 2-2-47　庄宇

练习过程中，在没有把握的情况下可先用铅笔勾画建筑的大致轮廓线，再用钢笔赋以正稿

在表现正稿时，用线要快而稳，看准确后迅速落笔勾线，长短曲直都要控制得当。尤其是在表现主体建筑时，线条的力道要足，结构要紧凑，要突出其在场景中的分量感。在练习中不必过于追究每个形体的细部塑造，不宜画得过多过花，主要是依靠线条的变化组合将画面关系建立起来，能从整体上形成一定的氛围，使画面显现出基本完整、清晰的场景格局。主建筑的黑白关系可适当交代，以较为简略的笔触点到为止，这样也能为后续的深化提供足够的空间（图 2-2-48）。

图 2-2-48　庄宇

正稿的勾线要做到稳、准，刻画时要强化主体或视觉中心

（2）细部刻画

在确定了画面布局与建筑大体关系之后，便可进入细节深化阶段，要逐步对建筑的各个界面做仔细刻画。建筑的门窗造型、装饰构件、材料分割、体块穿插等具体内容都是需要仔细观察和细致表现的对象，只有将细节刻画详细，画面才可能清晰地呈现出特有的建筑语境。为了突出主题和重点，可以有意识地结合光影关系将建筑的内凹面刻画得相对浓重，同时也可以最大程度地发挥线条的表现力，使线条之间疏密得当，以避免画面的单调乏味。在刻画时，尽管需要达到一定的细致程度，但从速写的角度看，仍应控制好时间，抓住重要的细节形态和重要的界面集中发力，无须达到像一幅精雕细琢的建筑画一样的逼真效果，做到适度的深入即可（图 2-2-49）。

图 2-2-49　庄宇

在把握画面大关系的基础之上，对画面的细部做适当的刻画

配景能够配合建筑传达场所感，在深入时也需要有的放矢地加以表现，要注重透视的一致性和场景气氛的整体营造，选择性地把握重点、控制节奏。配景要搭配得当、表现得宜，使画面能体现其完整、真实、生动的风采。在深入过程中需要实时用画面的形式美原则控制整体效果，例如虚实对比、物体与物体之间的衬托关系、黑白对比等都是作画的形式美原则（图 2-2-50）。

图 2-2-50　庄宇

为了衬托主体并使场景的氛围更加真实和生动，配景在画面中的搭配要得当，表现要得宜

4.画面关系的综合处理

本环节是整理画面中的各项关系，检视之前存在的问题并进行综合调整的过程，这是任何绘画形式不可逾越的重要阶段，也直接影响最终的成图效果。该阶段的把控一般依靠经验的积累，对于初学者而言，可从整体性、合理性和艺术性三方面入手，将作品效果控制到最佳状态（图 2-2-51）。

图 2-2-51　潘玉琨

调整画面的终极效果要从整体性、合理性和艺术性三方面入手

（1）整体性

有时一味地关注细节，易造成画面琐碎凌乱，这一点在投入塑造时不易察觉，在后退观看后较易发现问题。建议绘画者隔一段时间就半眯起眼睛观看画面，以找出不协调的部分，并进行相应调整（图 2-2-52）。

图 2-2-52　谭泽鸿

小关系要服从大关系，局部要服从整体，这样才能使表现的画面具有更强的整体性

（2）合理性

对画面内容的空间顺序、结构关系、光影投射的合理性需做重点检查。如有不够合理之处，应对照临摹对象做出分析修改，进一步理顺关系（图 2-2-53）。

图 2-2-53　庄宇

画面的建筑一定要符合近大远小的透视关系、合理的结构关系以及方向一致的光影关系

（3）艺术性

如画面整体效果较为平实呆板，可适当加入艺术处理使之活跃，以能达到烘托气氛、提升表现魅力的要求为准，但表现手法也不宜太过突兀，防止造成视觉的分裂（图 2-2-54）。

图 2-2-54　夏克梁

艺术性是建筑速写最高的要求，缺少艺术性的画面将显得平淡无趣，具有艺术性的画面则使人心情愉悦、舒畅

该阶段的具体技法运用，在前一部分的“技术要点”已做详细的介绍，这里不再赘述。

五、相关信息和网站链接

1.相关微信公众号

（1）“手绘家”：手绘家（图 2-2-55）是专门介绍手绘相关内容的公众号，除了推送设计手绘内容之外，也会定期推送建筑速写的内容，其中有很多内容值得参考和学习。

（2）“住颜”：住颜（图 2-2-56）与手绘家有住颜相似之处，但内容不完全相同，其中建筑速写的内容值得参考，可以关注。

图 2-2-55
手绘家二维码

图 2-2-56
住颜二维码

2.相关人物

（1）耿庆雷：山东理工大学美术学院副教授，出版过《建筑钢笔速写技法》等相关书籍数本，作品兼具实用性和艺术性，关注度较高（图 2-2-57、图 2-2-58）。

（2）潘玉琨：建筑师，已退休，喜欢用钢笔进行建筑速写，几十年如一日，是建筑师画速写的代表人物之一，作品具有鲜明的个人特点，很值得当代学生参考和学习（图 2-2-59、图 2-2-60）。

图 2-2-57　耿庆雷　乡村建筑之一

图 2-2-58　耿庆雷　乡村建筑之二

图 2-2-59　潘玉琨　城市景观之一

图 2-2-60　潘玉琨　城市建筑之二

3.相关机构

（1）“边走边画”社团：每年组织一次写生活动，每一次都聚集来自国内 20 位左右的手绘专家、教师，大家一同写生，交流、探讨有关建筑速写等方面的内容。

（2）“界筑介画”社团：由国内 10 所高校的副教授、教授组成，每年举办一次手绘及相关作品的展览，并举办讲座，推广手绘艺术。

4.相关图书

（1）《钢笔建筑画教程》，夏克梁、黄晓菲著，2010 年 1 月出版，浙江人民美术出版社。

（2）《建筑钢笔速写技法》，耿庆雷著，2011 年 4 月出版，东华大学出版社。

第三节　项目训练三——实景速写练习

一、课程概况

1.课程内容

该阶段课程以户外实践练习为主。教师课堂讲授建筑实景速写的方法、需携带的主要工具等内容，带领学生实地写生，训练学生由实景到画面的场景转换能力，包括观察、取景、构图、表现手法运用与画面处理等。每天一次现场点评学生作业（图 2-3-1、图 2-3-2）。

图 2-3-1　户外现场写生

图 2-3-2　每天点评作业

2.训练目的

实景速写是由较单纯的模仿到独立组织的转变阶段，是透视、线条、构图等多项能力的综合练习。通过该阶段的学习，学生能够做到敏锐地观察对象，概括地表现对象，能动地组织画面并快速熟练地刻画场景，同时能够通过写生积累更多的视觉形象符号，有助于今后的建筑画（或建筑设计）创作（图 2-3-3）。

图 2-3-3　张孟云　通过写生可以积累素材，提高绘画能力

3.重点和难点

（1）重点

①合理取景——借助一定的方法，在户外众多的景物中选出合适的场景进行表现。

②合理构图——将角度、形态等因素综合考虑，从构图上合理安排，将各景物放到合适的位置，形成均衡、美观、生动的图底关系。

③高度概括——在较短的时间内表现出丰富的效果，抓住实景的主要部分简洁概括地作画（图 2-3-4、图 2-3-5）。

图 2-3-4　户外真实场景

图 2-3-5　耿庆雷

写生时面对场景，首先要仔细观察，然后选取合适的角度合理地安排到纸面上，再通过概括、对比等艺术手法进行表现和处理，直至完成作品

（2）难点

①透视的准确表现——透视不准是实景速写中常见的问题。脱离了参照物，在直接将空间实物转换为画面图像时，由于初学者尚未形成空间上的内在理解，不熟悉透视规律，往往容易导致画面局部失真，形成奇怪的视觉形象，如距离不同的地面铺装大小一样、道路上翻等（图 2-3-6）。

图 2-3-6　冯奇健
面对真实场景，透视是初学者最难把握的问题之一

②画面平均，缺乏主次——面对真实场景，作者的眼中充斥着所有物体的细节，倘若没有事先安排好画面布局，想好处理的方法，很容易陷入“平均”的困境，导致画面“灰”而平淡，难以像交响乐般曲调激昂缓和、节奏跳跃和生动（图 2-3-7）。

图 2-3-7　冯奇健
画面处理时，平均对待也是常见的问题之一

4.作业及其要求

（1）作业要求：选择一处建筑物较有特色的户外写生场所，以钢笔等硬笔工具在速写本上勾勒的方式记录现场，表达场景氛围。要求选景恰当，主观取舍正确，画面关系合理协调，表现手段丰富（图 2-3-8）。

（2）作业数量：A3 幅面 10 张。

（3）建议课时：32 课时。

图 2-3-8　选择具有特色的建筑场景照片

二、设计案例

1.教师示范作品

耿庆雷民居写生系列作品：耿庆雷为山东理工大学美术学院副教授，因教学、工作需要，经常带领学生下乡写生，积累了丰富的写生实践经验，其作品备受广大建筑、环艺设计专业师生的关注。

耿庆雷具有环艺设计实践和国画的学科背景，下文展示的民居系列是他在福建桂峰村写生时的部分作品。其在写生过程中非常注重表现建筑的结构和空间，在描绘客观场景的同时又具有较强的主观处理意识，画面注重构图的稳定性、透视的准确性以及空间的通透性，刻画深入、表现完整严谨却不失艺术性，作品具有较强的个人特征，达到了较高的艺术水准。

学生在写生过程中面对建筑及空间场景时，需要通过仔细观察、耐心表现、深入刻画，才能逐渐培养起表达建筑结构、空间以及艺术处理画面的意识，耿庆雷的这一系列作品正是户外现场写生的最好典范（图 2-3-9—图 2-3-12）。

图 2-3-9　耿庆雷

画面主次关系明确，刻画深入、表现完整

图 2-3-10　耿庆雷

近景刻画深入（有很多细节），中景相对简单概括，远近仅为景物的轮廓线

图 2-3-11　耿庆雷

构图饱满，明暗关系合理得当

图 2-3-12　耿庆雷

表现时采用明暗对比的手法，使画面形成强烈的光影关系

2.具有代表性的学生作业

（1）林婕妤民居系列作品

该生在写生过程中能灵活运用线条，较好地把握建筑的透视和比例、较好地塑造植物的体块和形态、较好地表达场景的空间和层次，画面注重边缘的处理（正负形的处理）和控制，具有一定的艺术性（图 2-3-13、图 2-3-14）。

图 2-3-13　林婕妤　画面紧凑、整体感较强

图 2-3-14　林婕妤

虚实关系处理得当，使画面显得轻松自然，并形成较强的空间感

（2）宁宇航教堂系列作品

该生在写生的过程中敢于大胆表现，笔下线条给人以刚健挺拔、浑厚质朴之感，彰显钢笔独有的语言个性特征。该生善于采用虚实对比的手法巧妙地处理建筑繁杂细节的前后空间关系，追求画面的艺术性和整体性，作品具有较强的个人特征（图 2-3-15、图 2-3-16）。

图 2-3-15　宁宇航
线条肯定有力，虚实处理得当，使画面具有空间通透感

图 2-3-16　宁宇航
线条结合体块，使画面具有极强的视觉冲击力

三、技术要点

1.取景的原则方法

取景的过程是作画者对客观对象进行认真筛选，从而确定表现内容的过程。在取景中所选择的场景元素、角度和范围既取决于客观对象固有的排列组合关系，也受作画者主观意图的影响（图 2-3-17、图 2-3-18）。

图 2-3-17　建筑真实场景

图 2-3-18　耿庆雷
作者通过写生所呈现的效果

（1）基本原则

生活环境中，各种不同类型的建筑及周边多样的环境元素相互并存，有些场景秩序井然，让人感觉美观舒适，有些则杂乱无章，让人感觉烦躁混乱。因此，在取景时一方面要从客观的对象因素出发，尽量选择一些能使人产生视觉美感的场景，另一方面也要从主观因素进行考虑，绘画者可根据自身的绘画意图及对场景表现的驾驭能力来做出适当的选择，选择出既具有速写表现价值又适宜表现的建筑风景（图 2-3-19）。

图 2-3-19　庄宇

面对场景，无论是秩序井然还是杂乱无章，只要掌握绘画的基本原理和方法，便能很好地驾驭画面

（2）常用方法

在建筑速写的场景选取中，初学者可按照以下的原则和方式进行练习。首先，场景中的建筑或建筑的主体部分应在所取之景的范围内占据重要的位置，要有意识地选择其为视觉中心，然后再选取周边相关的配景。其次，场景应具有较强的层次感，围绕选定的建筑主体可形成近景、中景和远景的视觉关系，各元素间具有较为明确的主次关系，并具有绘画意义上的视觉丰富性，包括形态的统一与对比、元素高低错落形成的节奏感等。最后，可利用数码相机拍摄取景、手势比划取景或是自制纸质相框取景等方法，这些方法能够较为直观地从画面生成效果的角度来分析客观场景的适合度，有助于我们对所挑选的场景做出判断，从而能够较为稳妥地选择适宜表现的内容，为后面的构图环节奠定基础（图 2-3-20、图 2-3-21）。

图 2-3-20　建筑及空间的实景

图 2-3-21　耿庆雷

写生必须要遵循一定的原则和方法，才能很好地去描绘对象

2.构图的基本要求

构图是将景物布置到画面合适位置的过程，是将客观事物转换为画面布局的重要步骤，它是艺术形象的结构配置方法，是平面分割的形式科学。中国传统绘画美学体系十分强调章法布局。南齐谢赫提出的著名“六法”中，就有“经营位置”一法。当代著名画家吴冠中称构图为“绘画处理中最根本的问题，是文章的组织问题，是剧本的结构问题”。若要让画面具有美观、合理、巧妙的构图，绘画者就需要对画面加以宏观控制，艺术性地把握大局。通过合理组织构图，可以增强建筑风景的画面视觉冲击力。构图的过程中渗透着作者的构思，是其发现主题、组织元素并构建形态的思维过程，这对于绘画艺术的创造者来说，有着决定意义。此外，构图还会影响观者对客观对象的审美和价值判断（图 2-3-22、图 2-3-23）。

图 2-3-22　耿庆雷　沉稳且富有变化的构图

图 2-3-23　耿庆雷　圆形构图

（1）均衡稳定

构图应使画面的布局均衡。所谓均衡，即是指画面内容有重点、有重心，各图形元素的组合能形成相对的稳定感和平衡性。山水画大师黄宾虹从中国书法、绘画中得出构图规律的奥秘是不等边三角形，这实际上就是变化统一的规律。无论何种形式的构图，都要努力使画面呈现出均衡感（图 2-3-24、图 2-3-25）。

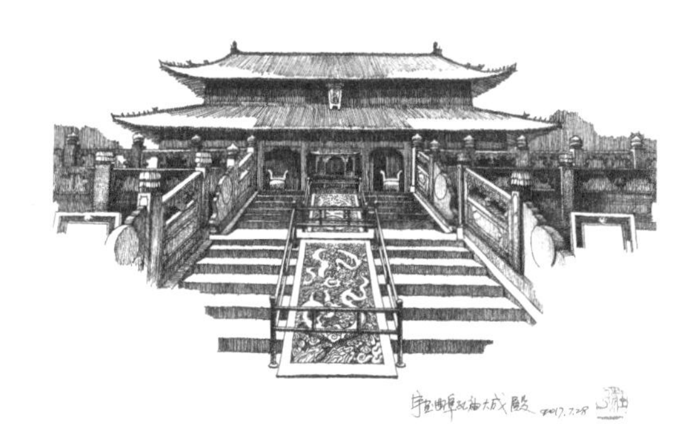

图 2-3-24　庄宇
宫殿建筑，采用对称式的构图，显得很庄重

图 2-3-25　潘玉琨
画面中，右侧的灯柱与左边的建筑既可起到呼应关系又能达到平衡作用

构图的常用原则是“似奇反正”。中国山水画中自古就有“既要平正，须得险绝”的说法，即构图要极尽变化，大胆组织图像结构，但又要稳定、沉着。一味求奇会缺乏稳定的感觉，要正中见奇，奇中见正，两条线并行，矛盾中求统一。一般而言，主体建筑不能完全居中放置，需略微偏到侧边一些，但又不宜过偏，仍要使整个画面有平衡感。在建筑速写中，建筑的分量占比一般是最重的，但体量上也要有所控制，不能顶天立地，也不能过于退避。配景要位于主体两侧，体量也应大致相当。远离建筑的一侧，内容安排可略多一些，靠近的那侧可略少一些，在画面中要和建筑构成整体的分量平衡（图 2-3-26）。

图 2-3-26　夏克梁
右下角大面积的空白，使画面的构图显得非常独特，入口的位置和刻画程度是保证画面平衡感的重要因素

（2）节奏分明

构图应做到主次有序、节奏分明，即在画面中要确立以建筑物为中心的主要景物，将其他的配景部分作为次要景物加以对待，使画面中的节奏关系清晰得当。主景元素和次景元素间应建立起一定的呼应关系，如远近、大小、高低、虚实等关系，也可从视觉层次上将其安排为近景、中景和远景的组合，中景部分常成为表现的主体。利用中景，让画面能透进去，往空间的深处发展。构图要善于穿插，强调纵深感，不要平铺对垒（图 2-3-27）。

图 2-3-27　耿庆雷

主景位置安排得当，刻画深入，使画面主次有序、节奏分明

天际线往往是初学者比较容易忽视的构图部分。在画面中，建筑主体与植物配景或主体建筑和配景建筑之间所构成的天际线如同乐章中的前奏与高潮，应具有明显而清晰的节奏变化（图 2-3-28）。

图 2-3-28　蔡亮

天际线的处理既要考虑到它的整体性，又要考虑到它的起伏变化

（3）合理取舍

建筑速写的构图过程，不是对所选定对象做简单而机械的搬抄和复制。即使在取景阶段我们选择了较为理想的场景，实际作画时，仍常常会遇到其中一些配景影响整体效果的情况。对初学者而言，选景绝对不能追求完美，主体建筑形态角度较为理想、场景结构能基本达到构图要求便可，其余部分需要绘画者发挥主观能动性，进行一定程度的优化升级。景物进入画面前都要经过严格挑选，不是客观场景中所有的内容我们都要一个不落、照单全收。脱离真实不对，完全依赖真实也不对，既需尊重现实之景，以它为基础，也要加入作者的主观处理，以增强画面的表现力和完整性。每一幅速写作品都离不开作者对画面所要呈现的整体形象的思考，需在此基础上有取有舍，甚至可以借景替换，以达到预想的效果（图 2-3-29、图 2-3-30）。

图 2-3-29　建筑真实场景

图 2-3-30　夏克梁

这是最简单的取舍。建筑、大树、堆砌的石块已组成完整的画面，其他都显得多余，可以舍弃，屋面上的一盆植物是为了削弱屋面和墙角的倒三角形而添加的

大多数时候，不管作画者的主观意愿如何，取舍都是不可回避的。取舍的关键在于入画标准的确立，即作画者心中理想的成图效果是怎样的，现实中哪些景物无法达到该效果，这样对取舍的判断便有了相对明确的标准。一般可从审美的角度入手，建立起常规的判断依据。构图时将美感较好的景物

入画，美观度较差的果断放弃；将有助于提升氛围的景物入画，破坏气氛的放弃。舍弃后画面的空缺部分可借用其他优秀景物素材做补充替换，进一步强化风格的营造，提高画面的完整度（图 2-3-31）。

图 2-3-31　张孟云

写生最常用的手法便是取舍，取舍会使画面的主体更突出、元素更纯粹、整体更统一

由于建筑速写也属于艺术表现的方式之一，所以作画者积累到一定程度的经验后，可对客观景物做更有力度的改变，以体现艺术比真实更高、更集中、更概括的特点。吴冠中在《摄影与形式美》一文中提到，他“是经常地、随时地以探寻形式美的目光来观察自然的。无论是一群杂树、一堆礁石，或是旋涡，或是投影……只要其中有美感，我总千方百计要挖掘来为自己所用。它们甚至成为我画面构图中的主角”。这些有美感的客观对象可被看作作画者艺术创作的资料素材，作画者可以七成参照对象，三成根据画面本身需要主观添加，要敢于大胆剪裁，以表现景物的最精华之处，一切要以服务画面为中心，重要的尽量选取，不重要的大胆舍弃，有更好的可以借用，要不厌其烦地对画面做更为理想化的改造。为了艺术的需要，有时甚至可以将大面积的原景剪裁到零，以留白的方式衬托景物的“多”和“够”，用空白展现无穷无尽的感觉，将含蓄做到极致，让观者以自身的想象力去填补、丰富其中的内容（图 2-3-32、图 2-3-33）。

图 2-3-32　蔡亮　高度概括的画面

图 2-3-33 涂小锵 极简的画面

3.主体特征的快速把握

一幅速写如果给人以平淡乏味的感受，除了由于艺术处理不够到位之外，主体特征的弱化或缺失也是主要原因之一。受环境中诸多因素的制约，想准确地记录下每件对象的特点并非时时可行，也就是说实景速写无法像临摹那样，可以花较多时间去研究每一个细节。但我们可以根据实际情况，以抓大放小的思路将注意力投射到主体建筑上，快速把握其基本特征，将相对有限的时间和精力运用得恰到好处（图 2-3-34）。

图 2-3-34 蔡亮

用非常概括的手法表现建筑的基本特征，虽舍弃很多细节，但整体氛围及建筑的基本形态和特征还是非常清晰地被表达出来

主体特征的快速把握与观察方式的运用紧密相关。在取景和构图练习中，观察是不可忽视的过程，无论是场景的选择还是画面的构图定位，观察需一直贯穿于其中。通过观察，作画者从繁复的事物中筛选出适合速写表现的部分，也使他们能够清楚地辨别事物的形态、高低、材质、色彩和光影等因素的特征，从而对所描绘的建筑风景产生全面、准确和深刻的认识（图 2-3-35）。

图 2-3-35 王玮璐

写生的过程也是观察的过程，观察始终贯穿整个过程，观察越深入、越细致，表现才越准确、越到位

对主体的观察不但要从宏观层面出发，全面地、多角度地、细致地观察，用视觉去把握整体的形态和气氛，同时要在观察中加入思考、理解和研究的过程，在观察中细致地发掘、反复地比较，体会建筑物及周边环境的外部形态和内在神韵的关系，对对象形成全面的认识和理解。在观察过程中要始终认真思考该场景当初吸引你的原因是什么，有哪些重要的形态特征是第一眼就给你留下深刻印象的，它们是如何从一众景物中脱颖而出、彰显自身鲜明特征的。这些问题都有助于我们在速写中时刻牢记对对象特征的捕捉和刻画，让画面变得个性鲜明、气质独特（图 2-3-36）。

图 2-3-36　夏克梁

写生既要观察宏观场景，也要观察局部和细节，从观察中捕捉建筑和场景的特征，以便更好地去概括和表现

4.艺术处理手法的简练运用

在实景速写阶段，艺术处理手法的运用必须十分熟练，在下笔勾勒场景轮廓的同时，对画面的艺术处理也要同步展开，两者并行不悖，这样也有利于随时掌握整体关系，提高效率，要避免等到形态全部到位后再对一件件物体进行处理。

在时间有限的情况下，手法的运用不能贪多求全，必须做到合理的精简。可以以一种手法为主，根据需要选择性使用其他手法。以对比为例，线条、明暗、面积的对比处理在表现过程中可以随时穿插到画面的各个部分，以直接将空间、主次等关系快速表述清楚。对比的层次处理可因画面内容的不同做灵活调配，多数时候宜做简单明了的区分，无须精细照顾到每一个细微之处，有些部分寥寥几笔点到为止即可，但画面的整体节奏仍要控制合理，要体现出层次感。即使因天气等原因需要随时停笔，画面上的场景关系依然能保持完整（图 2-3-37、图 2-3-38）。

图 2-3-37　宁宇航

钢笔速写的艺术处理大都建立在线条疏密组织的基础之上

图 2-3-38 宁宇航

线条的疏密组织能产生虚实对比和黑白对比等关系，也使画面有了主次关系和空间关系

四、实践和程序

1.景点、视角的合理选择

选定合适的表现场景是实景速写的首要步骤。作画者要以专业审美的眼光发现建筑景观之美，要利用绘画相关知识观察主景的结构关系和风格流派，观察主景与配景的相互关系，观察场景的可塑性，如肌理、细部结构等，进行多角度取景比选，以此确定写生对象、场所和表现力最佳的视角（图 2-3-39）。

图 2-3-39

写生前，一般都要多角度观察所要表现的建筑或场景

（1）有目的性地选择

取景之前，心中可制定大致的方向，比如建筑的难易程度、类型特点等，可对场景效果做简单的心理预期，构思一幅概念性场景。在此方法指引下，取景时就会带有一定的目的性，能较为有效地选出合适的主体场景，尽可能在开始阶段就避开一些不利因素的影响，以加大后续表现的把握性，切忌盲目做选择（图 2-3-40、图 2-3-41）。

图 2-3-40 选定所要表现建筑的角度

图 2-3-41 夏克梁

根据所选的角度进行描绘，需采用取舍、概括等艺术处理手法

（2）多视角的综合比较

面对同一场景中物体和物体之间的关系，应当多角度、多视点考虑。同一场景，采用俯视、仰视、平视等不同视角，可能会得到完全不同的效果；在场所中进行前后左右的位置平移的取景，画面描绘的重心也随之改变。因此，在基本选定场景内容后，对视角的高低、远近和左右位置还要做细致的比较，

发现其中的差别，从中选出各方面都较为平衡的视点投射位置（图 2-3-42、图 2-3-43、图 2-3-44）。

图 2-3-42　角度一

图 2-3-43　角度二

图 2-3-44　耿庆雷

选择角度二所描绘的画面

2.各景物间关系的分析

该步骤与临摹阶段的要求相似，主要是辨清各景物间的关系。要求绘画者既要分析每件单体的形体关系，也要分析物与物之间的空间关系。但由于受自然光照变化的影响，物体的光影关系会随时产生变化。尤其是在背光面较大时，处于阴影下的轮廓和结构清晰度较低，就可能影响到我们对景物关系的正确判断。在这种情况下，我们不能因为看不清就舍弃不画，或是凭自己的想象随意编造，尤其当面对的主体建筑物细节十分出彩时，需要通过近距离的仔细观察，或是借助相机（手机）的拍摄，分析并清楚了解物件具体的结构形态及特征，然后再下笔表现。随着写生次数的累积，个人的经验也会逐渐增加，慢慢就能通过经验来合理把握许多关系的表现，或是对现有的关系做更为优化的提升（图 2-3-45、图 2-3-46）。

图 2-3-45

建筑实际场景，光影关系对比强烈，阴影部位的细节难以看清楚

图 2-3-46　耿庆雷

写生过程中，需先弄清楚处于暗部（阴影部位）物体的结构关系和细节，才能够更好地表现建筑和场景

3.构图的设计

经历取景和分析阶段之后，便进入构图环节。构图的设计以观察分析的结果为依据，在此基础上根据对象情况做合理的能动调整，同时也需要结合构图原则适当增加或删减景物，以使画面达到平衡（图 2-3-47、图 2-3-48）。

图 2-3-47　取景的过程也是构图安排的过程

图 2-3-48　耿庆雷　构图饱满、空间层次分明

初学者如果没有足够的把握，一般建议先做小幅面的构图方案，数量为两个以上。每个方案都以极其简单的线条做快速的勾勒，然后再通过综合比较，分析各个方案的优点与不足，从而最终确定较为理想的布局形式，之后再以正稿的形式画在标准的 A3 幅面上，这样就能基本确保画面成图后的效果（图 2-3-49、图 2-3-50）。

图 2-3-49　耿庆雷

圆形构图是建筑速写中最常见的一种形式

图 2-3-50　耿庆雷

圆形构图相对方形构图也往往更容易出效果

4.画面关系的快速合理表达

画面关系的处理是最后环节。通过临摹阶段的练习，学生基本掌握了常用的画面处理手法，在实景速写中，要将这些手法应用于效果的快速表达。在处理过程中，要始终围绕主次、空间、色度（黑白）这三类关系展开，在时间上做到合理分配、有的放矢，下笔要快速肯定，抓住最为重要的部分着

力刻画，以较短的时间提炼画面精粹，展现出生动且富有张力的效果（图 2-3-51）。

图 2-3-51　蔡亮
画面的各种关系安排合理，表现得当

五、相关信息和网站链接

1.相关微信公众号

（1）“边走边画”：边走边画（图 2-3-52）是夏克梁老师主持的公众号，不定期推送边走边画成员及国内一线速写名家的建筑速写原创作品，每一期内容都值得参考和学习。

（2）“当代钢笔画”：当代钢笔画（图 2-3-53）是由一群喜爱钢笔画的作者主持的公众号，不定期推送国内钢笔画家的创作和写生作品，部分作品值得参考和学习。

图 2-3-52
边走边画公众号
二维码

图 2-3-53
当代钢笔画公众号
二维码

2.相关人物

（1）唐亮：钢笔画家，擅长现场写生，出版过《唐亮钢笔画》等多本与建筑速写相关的书籍，作品具有较强的表现力和艺术性，受到业界极大的关注（图 2-3-54—图 2-3-57）。

图 2-3-54　唐亮
唐亮常以美工钢笔为写生工具，运用顿笔、方折的方法将每一根线条和笔触深深地烙在纸面上，使表现的画面很具力量感

图 2-3-55　唐亮
美工笔表现的线条不但具有粗细变化，而且给人以刚健挺拔、浑厚质朴之感，彰显出作者独有的语言个性特征

图 2-3-56 唐亮

线面结合的表现形式虽是常见，但唐亮却运用得恰到好处，赋予了钢笔画全新的视觉感受

图 2-3-57 唐亮

注重虚实处理的画面，具有一种透气而又锐利的厚重感

（2）余工：建筑设计师、钢笔画家、庐山手绘特训营创办人，喜欢现场写生，平时走到哪儿就画到哪儿，作品具有极强的个人特征，在建筑速写领域中独树一帜，备受业界关注（图 2-3-58、图 2-3-59）。

3.相关机构

新钢笔画联盟：国内最早的一个钢笔画社团，聚集了全国数百名钢笔画爱好者，其中部分作者的作品值得关注。

4.相关图书

（1）《建筑钢笔画：夏克梁建筑写生体验》，夏克梁著，2009 年 1 月出版，辽宁美术出版社；

（2）《夏克梁建筑风景钢笔速写》，夏克梁著，2011 年 1 月出版，东华大学出版社；

（3）《唐亮钢笔画》，唐亮著，2013 年 7 月出版，中国林业出版社。

图 2-3-58　余工　意向建筑之一

图 2-3-59　余工　意向建筑之二

第三章　优秀案例欣赏与分析

第一节　写实型建筑速写优秀作品赏析

第二节　写意型建筑速写优秀作品赏析

第三节　装饰型建筑速写优秀作品赏析

第四节　创意型建筑速写优秀作品赏析

第三章　优秀案例欣赏与分析

本章概述

本章根据建筑速写的不同风格，分类展示了一批具有代表性的优秀画作。每个案例配有相应的分析和介绍，有助于学生从更高、更广的视角理解和学习建筑速写。

学习目标

通过本章的学习，学生能够在掌握建筑速写基本技能的基础上不断拓宽视野，提升艺术创造能力。在本章，我们会欣赏到许多不同风格的建筑速写作品，既有偏重写实的，也有偏重写意的；既有强调装饰性的，也有突出创意性的。这些类型多样、不拘一格的作品，即使按风格属于同一门类，但由于使用工具和表现手法的差别，也能细分出不同的样式。每一种类别都有一定的借鉴价值，大家可根据自身的学习情况有选择性地参考。

第一节　写实型建筑速写优秀作品赏析

写实型作为速写类型中应用最为广泛的一种风格，可以说是每位绘画者都必须掌握的。写实风格基本以现实场景为蓝本，追求较大程度地反映眼见景物的“真”，突出对对象的“再现”，强调客观性与合理性，带给人存在感与现实感。它如同白话文，符合绝大多数观者的审美经验，能被大众读懂、理解，因此在创作数量上也占有较大的比重（图 3-1-1）。

图 3-1-1　庄宇　客观描绘对象的写实型建筑速写

一、单线表现

单线表现的绘画风格多样，可以是严谨准确、一丝不苟的婉约派，也可以是大刀阔斧、潇洒奔放的豪放派。质朴平实，追求拙朴味道也是其常见的表现风格。选择表现风格的关键在于建筑师或者画家的主观意识对建筑空间场景的理解与体会，与个人的审美意趣密不可分，往往带有浓郁的个人气质，亦是绘画者思想过程中的一部分（图 3-1-2—图 3-1-7）。

图 3-1-2　耿庆雷
单线表现的钢笔画用线干脆、肯定

图 3-1-3　宋子良
用线的过程中，要注意线条组织的疏密变化

图 3-1-4　李明同　具有国画意味的单线钢笔画

图 3-1-5　李明同　运笔缓慢，笔触短，也是这类钢笔速写常见的一种表现手法

图 3-1-6　李国胜　除了钢笔和签字笔，软笔头的勾线笔也是单线表现常用的一种工具

图 3-1-7　李国胜　软笔头勾线笔相比钢笔、签字笔所表现的画面，线条更多样、变化更丰富

作为写实型表现，任何一种形式语言都需要深入刻画，单线画法亦然。它并不仅仅是空洞地勾勒建筑形体，也需要从画面整体角度深入细部描绘。写实建筑速写单线表现的主要任务是细腻地体会和感受建筑的风格特征与人文特点，运用线条构建形象，组织各部分的关系，建立空间层次。画面应注意概括、取舍和归纳，要通过每一条线的巧妙组织营造画面的疏密、虚实、主次（图 3-1-8、图 3-1-9）。

图 3-1-8　邓攀　画面依靠同一线条的组织形成主次和空间层次关系

图 3-1-9　邓攀　依靠单线的组织，画面也可以表现得很丰富、很深入

二、明暗辅助表现

该表现方式必须建立在对客观对象全面、清晰、准确的认识之上，从整体入手把握好画面关系，运用好线条，以灵活的线为基础，再结合面（用线的排列形成影调）组织建立黑白灰之间的关系，循序渐进地控制细部刻画与整体节奏的关系，使画面获得意想不到的艺术表现魅力（图 3-1-10—图 3-1-15）。

图 3-1-10　庄宇
铅笔辅助表现明暗，画面显得更加细腻和逼真

图 3-1-11　庄宇　铅笔辅助所表现的明暗更富有层次感

图 3-1-12　潘玉琨

钢笔线条结合明暗所表现的画面往往更具整体感

图 3-1-13　潘玉琨

这类画面相比单线表现的画面往往更具视觉冲击力

图 3-1-14　王骏

在单线表现的基础上，往往在暗部、结构或界面转折处适当加以明暗对比，使表现的画面更加立体、更具空间感

图 3-1-15　宁宇航

在明暗辅助的表现手法中，表现明暗的线条可以是有序的排列和叠加，也可以是随性的示意

三、淡彩表现

在淡彩表现中，无论采用水彩、马克笔还是彩色铅笔，都不可能覆盖原有的黑白底稿。因此，具有强烈线条表现力的钢笔画底稿是淡彩表现必不可少的部分，是画面获得成功的关键。淡彩表现对建筑的形体关系、结构比例、细部装饰、空间层次的要求也更为苛刻，忽视任何一方面都可能影响上色的准确性。

在淡彩画法中，色彩只起到点缀的作用，因此无须花过多的时间、精力去层层叠加、遍遍深入。在用水彩上色时，应保持色彩的通透感，控制好饱和度，根据形体结构用笔着色，使水彩的流动性和灵动感得到体现，让画面散发出轻松的氛围。彩色铅笔有水溶性和非水溶性之分。水溶性可作水彩使用，普通使用时可以擦除修改，在实际应用中二者可互为补充，相得益彰（图 3-1-16—图 3-1-24）。

图 3-1-16　刘开海　在钢笔线稿的基础上，用水彩做简单的铺色

图 3-1-17　邓蒲兵　钢笔线稿的好坏对淡彩表现的成功与否起决定性的作用

图 3-1-18　胡华中　马克笔使用便捷，色彩透明，也是淡彩表现的常用工具

图 3-1-19　周昭柏　马克笔表现的城市街景

图 3-1-20　王玮璐

在钢笔线稿的基础上，用马克笔做简单铺色，表现出大桥的明暗关系

图 3-1-21　王玮璐　用马克笔单色表现的建筑

图 3-1-22　夏克梁

水性勾线笔的线条遇水容易晕染开来，因此，马克笔上色时笔端容易带出墨水，反而使表现的画面色彩更加厚重

图 3-1-23　夏克梁　马克笔淡彩也需技巧，上色时不宜面面俱到，重要部位略作刻画，次要部位则只需简单带过

图 3-1-24　李明同　建筑本身已用钢笔做了深入的描绘和刻画，用彩铅上色也就显得简单和容易

四、重彩表现

马克笔画是这类画法的代表，在运用马克笔时需要注意两点：其一，应预备几套较为成熟的色彩搭配方案，建立一些常用的色彩体系，以套色概念选择性设色。缺乏经验的初学者在运用丰富色彩的同时往往容易忽略画面的整体色调，对于同一色系不同层次的色彩关注较少，结果使得画面色彩缺乏和谐，显得突兀孤立。色彩体系的建立有助于绘画者快速选出适合画面调性的笔色，在搭配时能够较为轻松地达到预期的协调效果，以避免出现严重的配色冲突问题。其二，应当重视马克笔的用笔方法。马克笔笔头一般呈方形，用笔时如速度过慢，易在纸面上产生明显的笔触交接痕迹，影响观感，因此下笔时必须做到肯定、快速，掌握好笔触、色彩交接与过渡的时间。用马克笔赋色时也需要和钢笔稿达成默契，笔触排列方式应尽量接近，使它们能在同一画面中有机融合（图 3-1-25—图 3-1-31）。

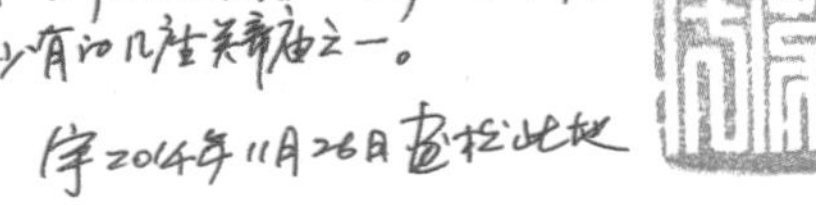

图 3-1-25　庄宇　画面本身如果已经用钢笔做了深入的刻画，用马克笔重彩表现也就显得相对轻松

图 3-1-26　夏克梁　无须用钢笔勾线，直接用色素马克笔来表现、塑造的画面

图 3-1-27　夏克梁　直接用水彩马克笔表现的画面，用笔可以做到非常自由和洒脱

图 3-1-28　夏克梁　用水彩马克笔进行写生，对主体做较为深入、细致的刻画，远处和次要部分做简单、概括的处理

图 3-1-29　夏克梁

在钢笔线稿的基础上，用水性马克笔做深入细致的刻画，使画面各细节精彩到位，并具有较强的整体感

图 3-1-30　夏克梁

钢笔线稿本身就有中心（画面主体）严谨、周边（次要部位）松弛的对比，所以在用马克笔上色时也有意强化了主体、弱化了周边的次要部位，使画面主次关系明确，主体突出

图 3-1-31　张孟云　水彩也是重彩表现较为常见的一种形式

第二节　写意型建筑速写优秀作品赏析

写意与写实相对，原是国画的画法之一，是中国艺术审美重心自觉转向主体性的标志，现在也常被用于建筑速写的创作。写意的主要特点是不受客观事物的约束，不求工细，降低了对艺术形象的外在逼真性的要求，意在重构绘画者内心向往的形象，强调对象内在精神实质的主观化艺术表现。写意创作要求在形象之中有所蕴涵和寄寓，让“象”具有表意功能或成为表意的手段。一般通过简练概括、肆意奔放的笔触着重描绘对象的意态神韵，在景物形象上做大胆的艺术加工，在“似”与“不似”间营建画面的意境，抒发作者的意趣。

写意风格所涉及的两大类表现形式，其技术要点和写实风格基本相同（图 3-2-1）。

图 3-2-1　唐亮

写意建筑速写也只是相对而言，相比写实型速写不求工细，较少受客观对象约束

一、单色表现

写意单色表现的作品常以钢笔、签字笔、铅笔或炭笔为表现工具，在较短的时间内运用偏个性化线条的排列组合，借助浓重的黑白、疏密、曲直及长短对比，着力刻画建筑的意象特征，传达出物象以外的绵长回味（图 3-2-2—图 3-2-7）。

图 3-2-2　余工　粗犷、随意的线条，却能表现出建筑的意向效果

图 3-2-3　余工　随性是意向建筑速写的最大特点

图 3-2-4　余工　写意型速写看似简单，实则是建立在具有扎实写实速写能力的基础之上

图 3-2-5　余工　写意型速写对作者的概括能力、提炼能力提出了更高的要求

图 3-2-6　余工　写意型速写结合若干文字的形式，在设计构思的过程中也是常见的一种表达方法

图 3-2-7　余工　写意型速写常常通过寥寥几笔，表现出建筑及场景的最基本特征

二、彩色表现

借助色彩表现的写意类作品，颜色的运用无须一味地墨守成规，色系的选择、铺设的方式和面积比例的安排主要服从于作者情感的表达。画面可浓可淡、可艳可素；色相可近似、可跳跃；运笔可奔放、可收敛。无论选择何种呈现形式，都要以色蕴意、以笔传情，以生动明快的氛围感染观众的情绪（图 3-2-8、图 3-2-9、图 3-2-10）。

图 3-2-8　刘开海　用极其提炼、概括的手法表现出建筑及空间的骨线，再用最简单的色彩营造出画面氛围

图 3-2-9　刘开海　越是简练越是难以表现，简单的色彩在画面中能起到点睛的作用

图 3-2-10　杨子奇

色彩尽管相对浓郁，却不受具体形象和细节的约束，只对建筑做大致的铺色，却能表现出场景的整体氛围

第三节　装饰型建筑速写优秀作品赏析

装饰型建筑速写作为一种强调形式感表达的绘画活动，其基本原理是根据对称、均衡、节奏等图形构成原理，将作品赋予抽象化、规则化的形式美。它不是简单的图案变形，而是把复杂丰富的绘画形式等同于简单概念的平面构成原理。装饰绘画有着自己独立的审美风格和样式，它淡化内容和思想性，强化形式美与装饰美，突出人工创造与自然状态的区别，刻意追求华美的艺术风格。装饰型建筑速写仍是建立在速写之上，但在造型上注重夸张变形，突出高度的概括性与简练性；构图上注重追求自由时空，注重表现平面化的无焦点透视的多维空间；色彩上讲究化繁为简，不追求明暗、远近及写实的冷暖关系，而追求色彩的象征性；它在绘画语言上注重外在形式美感的设计，有着显著的人工美化的刻意匠心，在西方平面构成的装饰原理的影响下，使画面具有强烈的平面化、单纯化、夸张性、稳定感、韵律感和秩序感等特点，带给人以现代感与品位感（图 3-3-1）。

装饰速写的表现手法尽管受到绘画者思想、个性、风格的影响，但构建画面造型美感仍是其创作的目的，所以无论绘画者采用何种夸张的手法，将对象变成何种模样，都是通过塑造一种形象，传达对美的独到认识（图 3-3-2）。

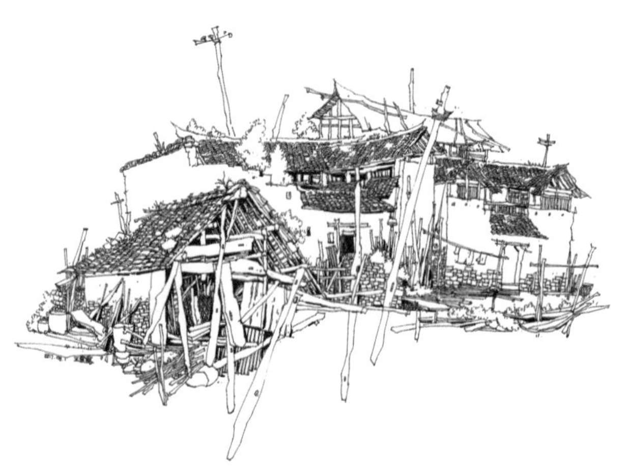

图 3-3-1　王夏露

建筑速写中，写实型的方法较为常见，而写实型的单线表现中，只要在用线和对建筑形体的塑造上表现得略拙朴些，画面便具有一定的装饰性

图 3-3-2　孟现凯　形体略带夸张、变形的装饰性建筑速写

一、黑白表现

装饰型建筑速写的黑白表现主要包含线条表现和明暗辅助表现。在线条表现类作品中，线条的装饰感必须得到充分的展现。绘画者充分发挥线条的表现力，用类型丰富的线勾勒出美轮美奂的效果。每一条线的长短曲直、刚柔起顿，都以服务画面的装饰效果为核心，借助绘画者对现实对象形态的大胆改造，线条的开放度和灵活度也得以加强（图3-3-3）。

明暗表现则是在线条装饰的基础上，利用灵活多变的排线，恰到好处地将装饰的层次感和丰富性表达出来，形成线图的有益补充。线面组织以简为主，力求在寥寥数笔间，将画面诉求的效果言简意赅、简洁干练地展现出来（图3-3-4—图3-3-15）。

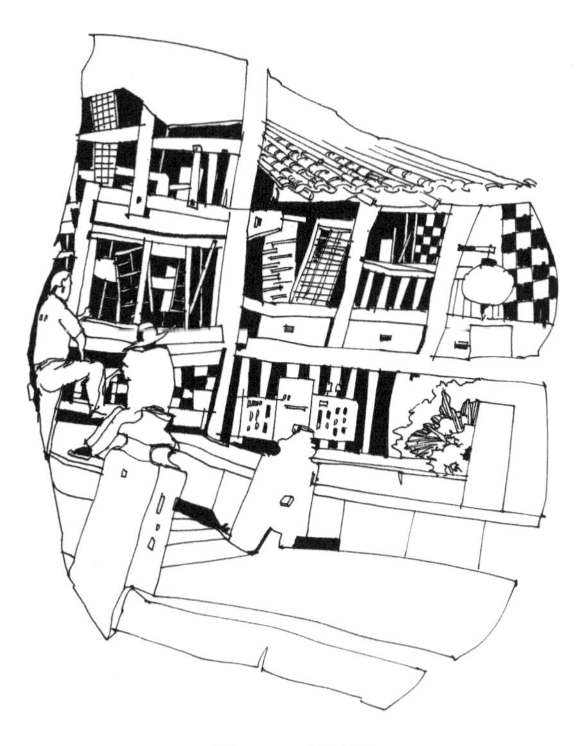

图3-3-4　孟现凯

线条结合块面，几乎是处于平面的一种状态，但画面很具装饰性

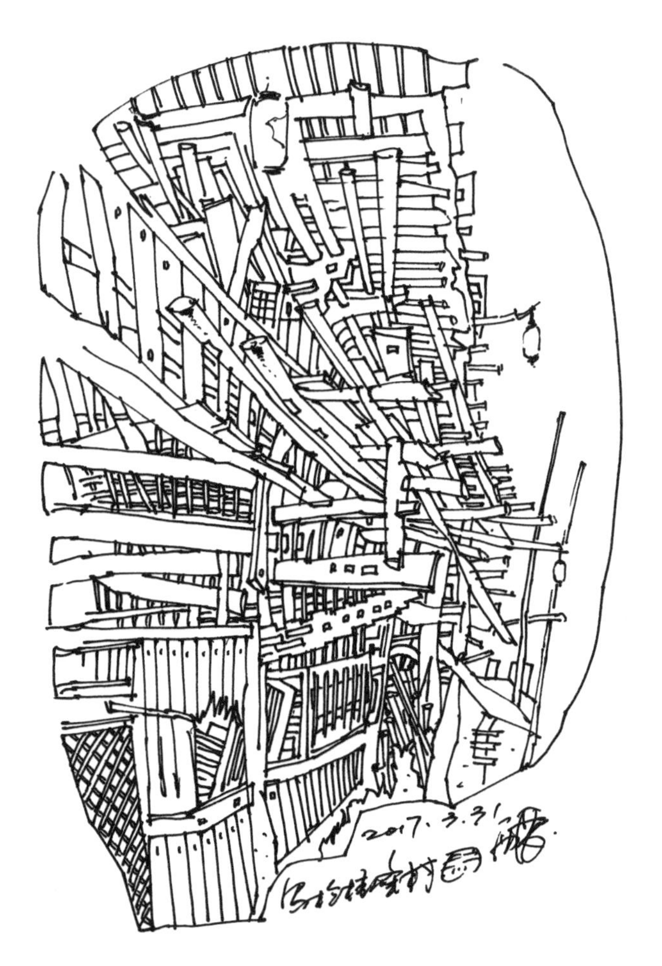

图3-3-3　孟现凯

以单一的线条表现具有装饰意味的画面

图3-3-5　孟现凯

从画面的内部结构到画面的边缘外形，都具有较强的形式感

图 3-3-6　孟现凯　在线条表现的基础上，适当添加若干小黑块，便具有了装饰意味

图 3-3-7　孟现凯　表现以平面化为主，不求画面的立体空间关系，追求的是一种形式美感

图 3-3-8　孟现凯　装饰型建筑速写往往有着自己独立的审美风格和样式

图 3-3-9　孟现凯　以略带夸张、变形的手法表现建筑的主要特征，给人以更深刻的视觉印象

图 3-3-10　孟现凯　略带明暗层次的装饰型建筑速写

图 3-3-11　王夏露　装饰型建筑速写具有多种艺术表现形式，这是其中的一种

图 3-3-12　王夏露　略带装饰意味的建筑速写，画面的处理上也需有疏密及黑白等对比

图 3-3-13　王玮璐　虽是一张较为写实的钢笔速写，但极具概括性的黑白关系具有装饰的意味

图 3-3-14　郑昌辉

建筑、植物的形态以及画面的黑白关系极具概括性，并采用略带夸张的表现手法，使表现的画面具有一定的装饰性

图 3-3-15　郑昌辉　用线拙朴，写实中带有装饰性

二、彩色表现

装饰性画风的色彩表现多追求强对比的效果，利用色相、明度、纯度和面积上的夸张化、差异化处理，寻求色彩表现的醒目感和绚丽性。画面的色彩无须和现实场景绝对一致，可以借用客观的色彩体系，做相近化处理；也可采用其他主观化的色彩体系，从画面的实际搭配效果来确立合适的颜色，进行色彩上的二次创作。不管采用何种配色思路，每一笔颜色、每一个色块仍然要遵循建筑景观的空间结构关系铺设，使颜色与形体的配搭严丝合缝、交相辉映（图 3-3-16—图 3-3-21）。

图 3-3-16　郑昌辉　独具装饰色彩的画面

图 3-3-17　郑昌辉

装饰型速写的色彩，大部分具有强对比的视觉效果，色彩上化繁为简、简单概括，追求色彩的象征性

图 3-3-18　孟现凯　钢笔底稿本身如果具有一定的装饰性，上色也就简单很多

图 3-3-19　孟现凯　有些装饰型速写的画面色彩较为单一或纯度不高，这很大程度上取决于钢笔底稿自身的装饰性

图 3-3-20　孙晴义

极具概括的钢笔线稿，适当添加色块，却充满装饰意味

图 3-3-21　孙晴义

色彩简单、概括，表现手法一致，呈现出很好的装饰效果

第四节 创意型建筑速写优秀作品赏析

创意型建筑速写强调绘画者主观创意性的表达，相比装饰型建筑速写，它更强调对画面的巧妙设计，强调场景的戏剧性，借助对主、客体关系的精妙构思来达到“意料之外、情理之中”的动人效果，勾起观者的好奇心，使其产生丰富的联想和无尽的回味。创意切入的角度很多，可通过场景、工具材料、表现手段等方面的创想来激发画面鲜活的生命力，让观者领略别样的意趣，引发情绪的共鸣，甚至从中汲取灵感。由于该类别速写具有较强的实验性，画面风格千差万别，因此很难用一套通用的理论去归纳概括其中的方法，成图效果的把握更多地取决于绘画者本身的灵感来源、实践经验、创意品位和艺术修养（图 3-4-1、图 3-4-1 局部 1、图 3-4-1 局部 2）。

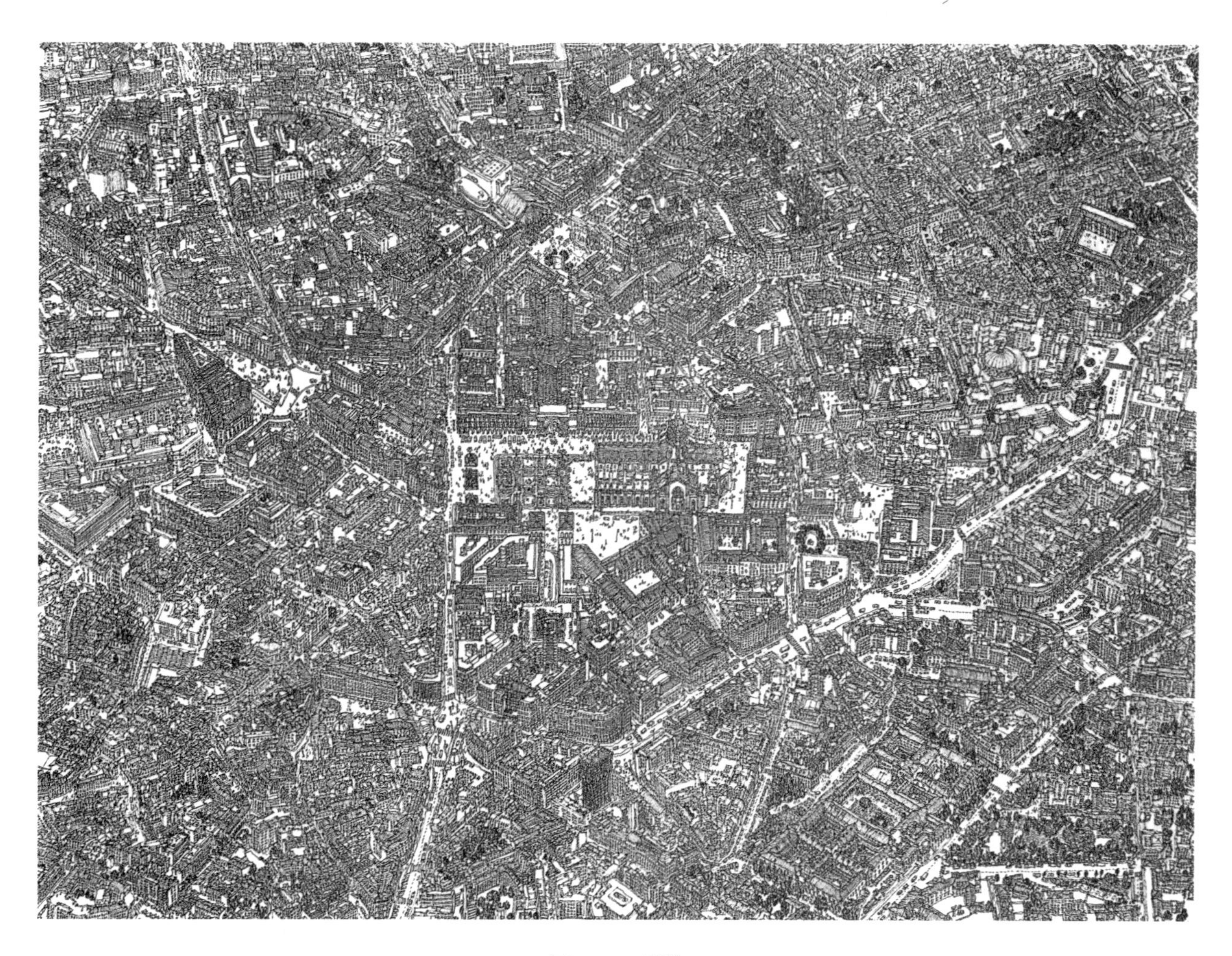

图 3-4-1 邓攀

主观加大城市建筑的密集度，使观者感觉透不过气来，产生一种意想不到的视觉效果

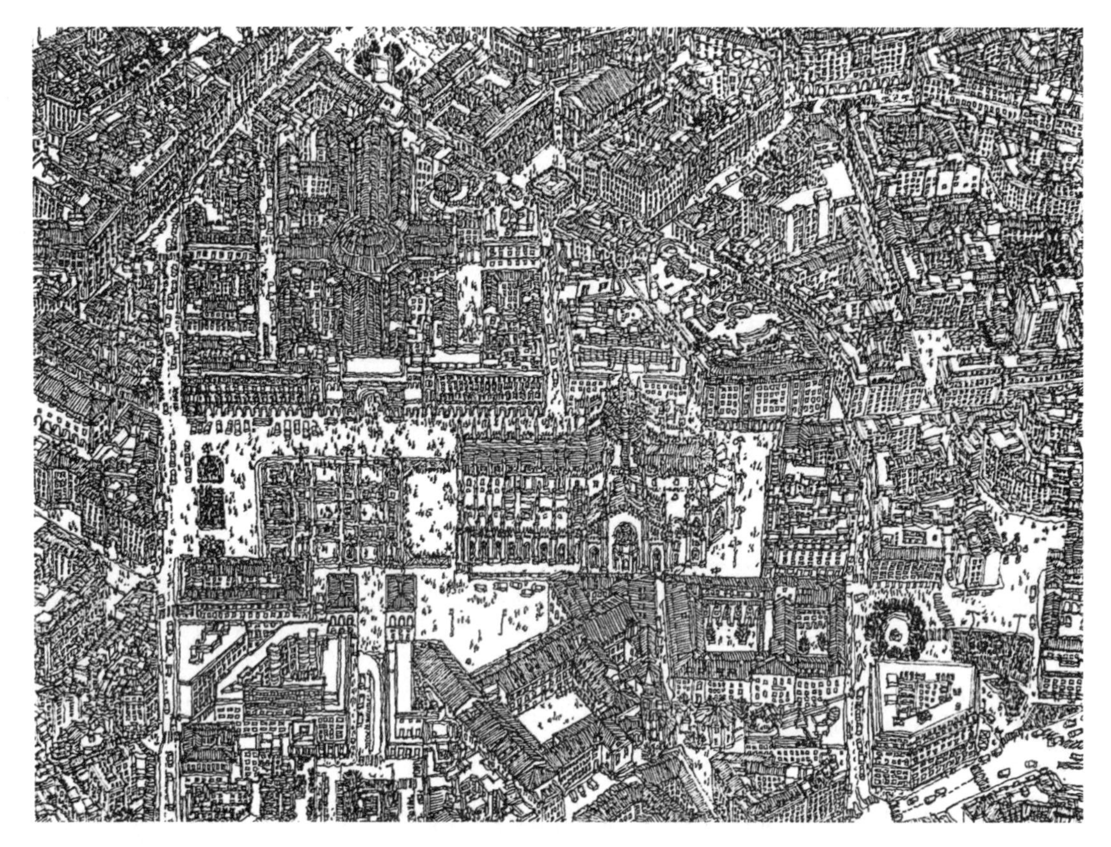

图 3-4-1　局部 1

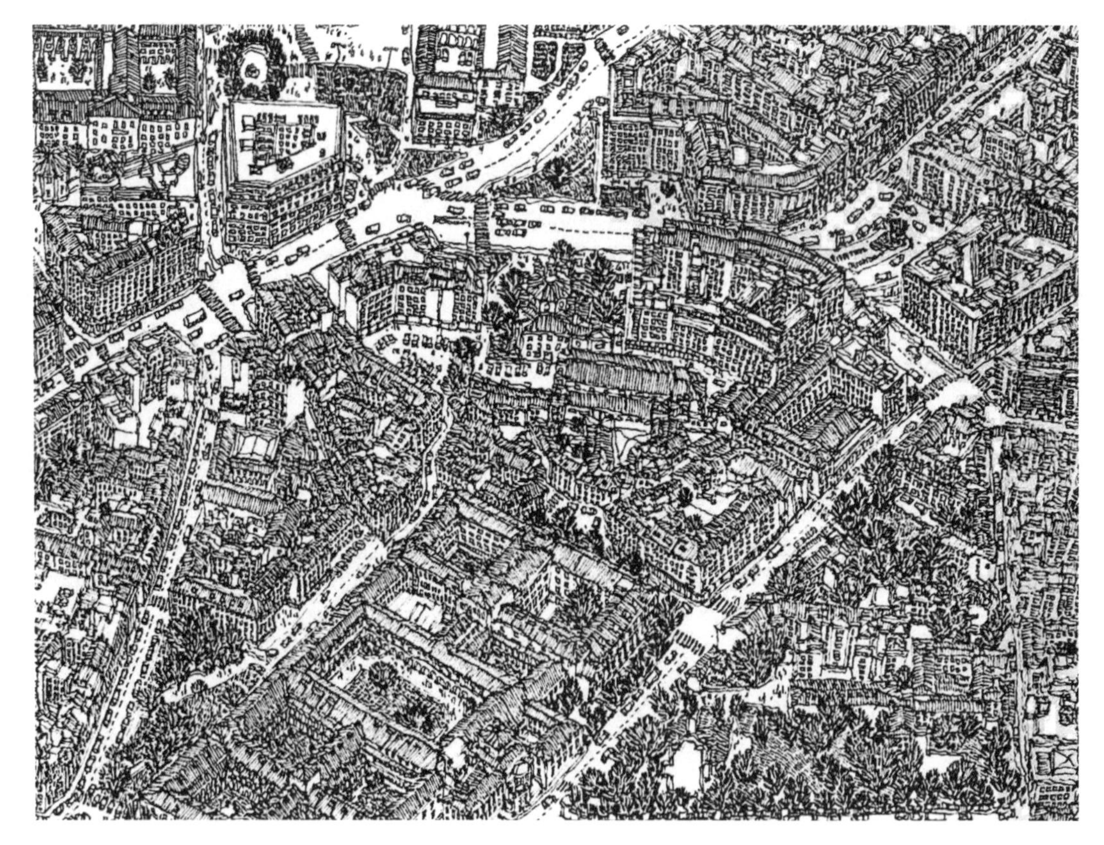

图 3-4-1　局部 2

一、场景创意

场景创意往往利用不同类型的元素组合，创造令人惊喜的空间趣味，尤其是一些原本未出现在客观环境中且形态特征有趣、与其他景物存在差别而又符合整体氛围的内容的加入，使画面在保持完整性不变的基础上，具备了讲述故事的可能性。观者会利用以往的经验，将这些内容的逻辑性关联起来，从而更容易被带入画面中，达到对画面所要传达的意象的更深认识（图 3-4-2、图 3-4-3）。

图 3-4-2　文抑　画面中的两只大鹅与建筑场景的比例显然与常规不符，反而增加了画面的戏剧效果

图 3-4-3　宋子良　有意将房子扭曲、变形、重叠，不按常规的透视和比例，达到一种独特的视觉效果

二、工具材料创意

工具材料创意多数是利用一些非常规的画材来获得独特的画面效果。这些材料所展示的质地对观者而言往往是陌生的，或是极少在常规建筑速写作品中遇见的，但其对创意工作者而言，拥有无限开发利用的潜力，例如彩色水笔、有色纸一类的非专业画材。这些工具在画家的精心操控下，能够发挥出独有的个性魅力，让一幅幅常规的速写成为风格独立、质感鲜明的艺术作品（图 3-4-4、图 3-4-5、图 3-4-6）。

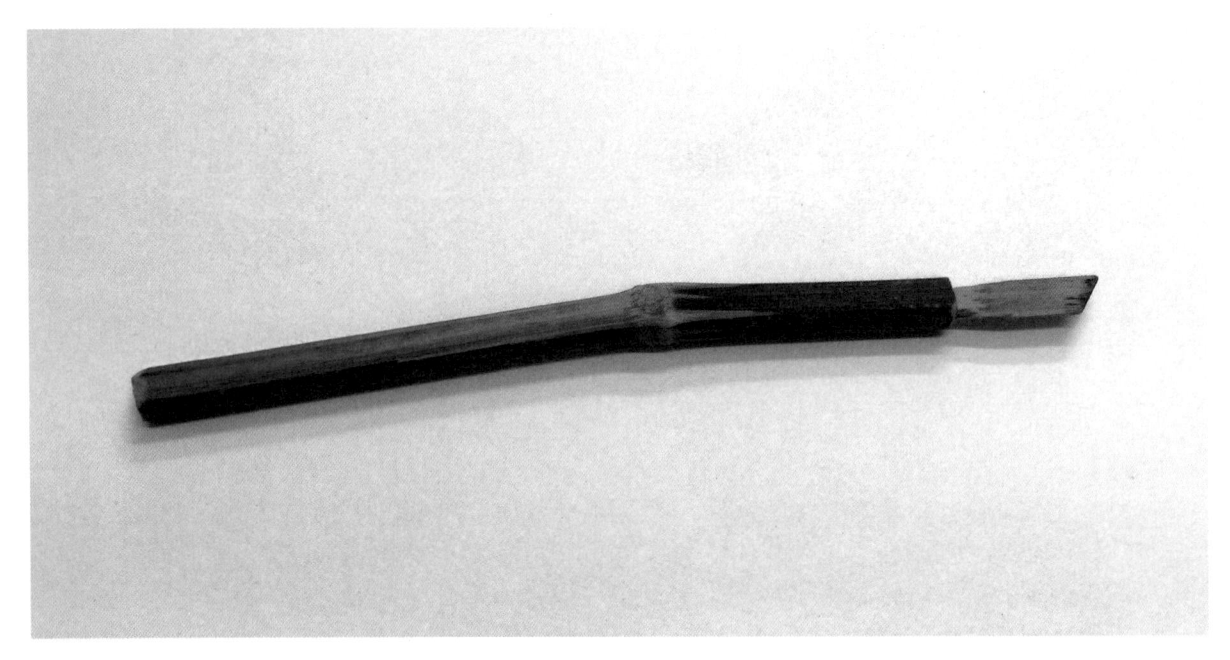

图 3-4-4　用竹竿自制的画笔

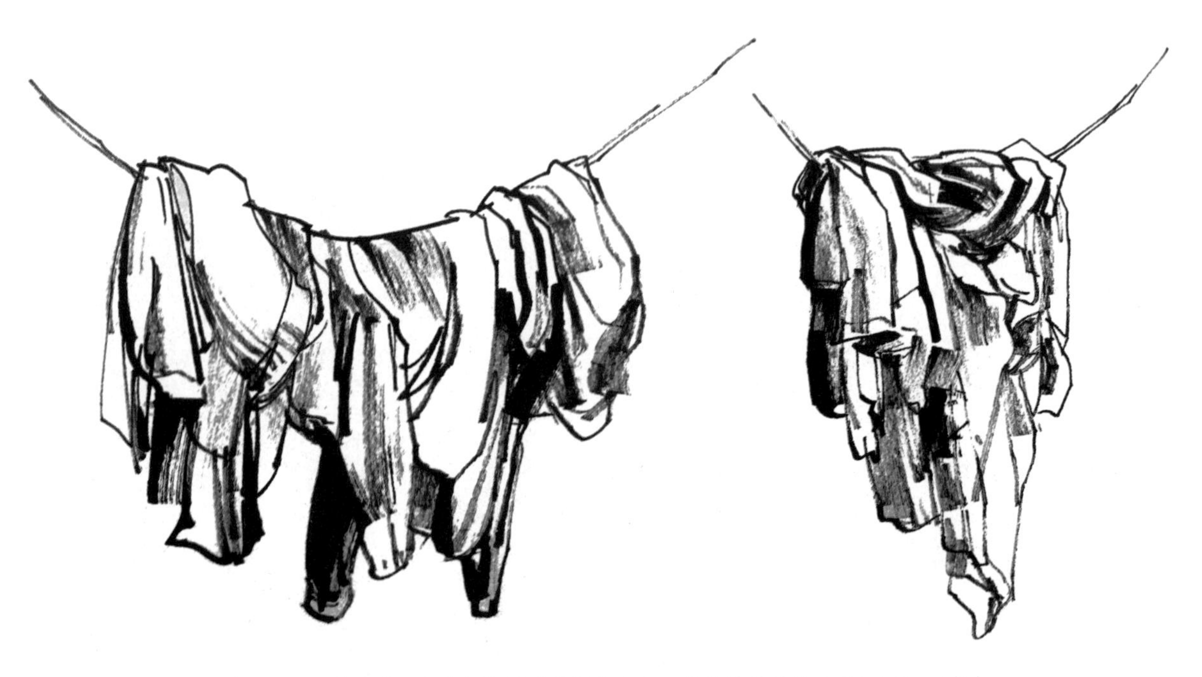

图 3-4-5　夏克梁　用自制竹竿笔绘制的衣物，独特的枯笔肌理使画面更显张力

图 3-4-6　夏克梁　用自制竹竿笔绘制的小型构筑物，效果较普通签字笔绘制的画面更独特和多变

三、表现手段创意

表现手段的创意来自于各种艺术手段的趣味化尝试，包括风格的混搭、手法的拼贴、电脑技术的处理等。它能有效利用对立、矛盾和反差等手法，将各种媒介的特性充分发挥出来，将感官元素充分调动起来，对每一类视觉要素都做到极致化放大，以达到动人心魄的效果。这类创意速写风格迥异，与当代艺术之间建立起紧密的联系，能让观者享受一场时尚而独特的视觉盛宴（图 3-4-7、图 3-4-8）。

图 3-4-7　夏克梁　手绘与图片的完美结合，增加了画面的趣味性

图 3-4-8　耿庆雷　在钢笔写生稿的基础上，主体部位用电脑做了贴图，使画面产生了强有力的视觉对比

参 考 文 献

[1]R.S. 奥列佛 . 奥列佛风景建筑速写 [M]. 南宁：广西美术出版社，2003.
[2] 赵思毅，张赟 . 中国文人画与文人写意园林 [M]. 北京：中国电力出版社，2006.
[3] 郝之辉，孙筠 . 李可染山水画讲义 [M]. 天津：天津古籍出版社，2009.
[4] 黄晓菲，徐卓恒 , 夏克梁 . 建筑风景速写 [M]. 沈阳：辽宁美术出版社，2010.
[5] 夏克梁，黄晓菲 . 钢笔建筑画教程 [M]. 杭州：浙江人民美术出版社，2010.
[6] 王培秋 . 艺术思想者——吴冠中画语录 [M]. 成都：四川美术出版社，2012.

后 记

本书所述内容主要来自笔者多年建筑速写教学、实践所积累的成果与点滴感悟，在此与广大读者分享。一本教材的信息承载量有限，难以做到面面俱到、分毫不差，有叙述不当和缺漏之处希望大家能够谅解。

在编写本书的过程中，笔者深深感受到若要真正掌握、熟练运用一种绘画形式，难以仅靠学习某一本教材所授的特定技法规律就能达到。任何一种绘画的学习都不是机械化地照本宣科，而是要建立在具备良好审美素质的基础上，通过发现美、认识美、理解美来构建对美的全面认知，进而做到举一反三、触类旁通。同时还要依靠日积月累的努力练习、积极思考，在学与练的相互促进下，提高自身的建筑风景美学感悟，以更好地进行艺术创作或建筑设计。这是笔者编写此书的初衷，也是学习建筑速写的根本目的。

一本教材的顺利出版少不了来自各个方面的支持和帮助。在此，笔者要感谢建筑师潘玉琨先生、山东理工大学副教授耿庆雷先生、绘聚文化艺术研究院李国胜先生、钢笔画家唐亮先生、庐山手绘特训营创办人余工等朋友的大力支持，他们为本书提供了大量的图片和优秀的案例。同时也要特别感谢林家阳教授给我们这样一次机会，感谢他在编写过程中对我们的悉心指导。

编 者